Sistema diédrico y acotado para aprobar

Anes Ortigosa Blázquez

Sistema Diédrico y acotado

para aprobar

Anes Ortigosa Blázquez

Anes Ortigosa Blázquez

ISBN: 978-1-84799-235-2

Titulo: Sistema diédrico y acotado para aprobar
Autor: Anes Ortigosa Blázquez
Dibujos: Anes Ortigosa Blázquez

© 2007 por Anes Ortigosa Blázquez. Reservados todos los derechos. Quedando prohibido la reproducción total o parcial en cualquier tipo de soporte sin la autorización previa del autor del Copyright.

Sistema diédrico y acotado para aprobar

Capítulo 1 Consejos para entender mejor el sistema diédrico.

Capítulo 2 Sistema diédrico
    2.1 El punto
    2.2 La línea
    2.3 El plano
    2.4 Paralelismo
    2.5 Perpendicularidad
    2.6 Abatimientos
    2.7 Giros
    2.8 Cambios de plano
    2.9 Distancias
    2.10 Ángulos
    2.11 Poliedros regulares
    2.12 Cuerpos geométricos
    2.13 Cuerpos geométricos peculiares
    2.14 Intersección de cuerpos
    2.15 Intersección de cuerpos más comunes en la arquitectura (bóvedas y cúpulas)

Capítulo 3 sistema acotado

Anexo

Anes Ortigosa Blázquez

Sistema diédrico y acotado para aprobar

En este libro en ningún momento se quiere hacer una explicación exacta y técnica del sistema diédrico, ni del sistema acotado ni de las herramientas que utilizamos, solo es un manual de ayuda especifica para entender con más claridad lo que hacemos, por ello recomiendo que si quieres aprender los fundamentos del sistema diédrico y acotado consultes otros libros. Este es solo para aprender a hacer las cosas sin más, por eso se intenta explicarlas de forma sencilla, clara, y sin recurrir a formalismos.

Anes Ortigosa Blázquez

Capítulo 1 Consejos para entender mejor el sistema diédrico

Este capitulo está hecho para introducirnos un poco en el sistema diédrico, y para poder entender mejor lo que después vamos a hacer. Por ello aquí voy a comentar, algunos truquillos que sin tener visión espacial, ayudarán a que la tengamos, y también a que seamos capaces de imaginarnos la solución mentalmente para encontrar más rápido la solución a los problemas que se nos planteen.
Un recurso bueno, es el hacerse un dibujito de cómo tiene que ser la solución de nuestro problema, es conveniente intentar hacerlo en 3D ya que visualmente podemos ver mejor como llegar hasta él.
Otra opción, y por tonta que parezca es coger lo que tengamos a la mano y utilizarlo como si fuera una recta, un plano, etc… Simplemente utilizando los lápices como rectas, la mesa como plano horizontal de proyección, los folios o reglas como planos, etc… todo sirve para ayudarnos a ver de forma palpable el problema, y como se puede solucionar.
También es importante recordar siempre que el sistema diédrico es simple, todo se puede reducir a saber hacer 4 o 5 cosas, como abatir, girar, cambiar de plano, hacer paralelas, perpendiculares, y poco más. Ahora pensarás que no, pero a medida que vallas viendo este libro, verás como es cierto. Lo único es que puede haber ejercicios que requieran aplicar lo mismo varias veces, y que por lo tanto se hagan largos, pero todos se basan en aplicación de cosas sencillas.
Una recomendación es que también intentéis visualizar mentalmente lo que tenéis y lo que queréis conseguir. Como ya diremos más adelante el sistema diédrico, básicamente es, una planta y un alzado del objeto o cosa que queremos hacer. Para hacer ejercicios de un nivel complejo, para que nos entendamos, lo que haremos será o bien girar el objeto, girar nosotros para ver más claro lo que hacemos, y lo que haremos son

cosas como cortar objetos, o atravesarlos con rectas o planos y cosas de este estilo, nada más complejo, bueno y en algunos casos, puede que recurramos a utilizar una vista de "perfil" de la situación que tenemos.

Para ayudarte a que utilices la visión espacial y para que la entrenes, te propongo unos sencillos ejercicios que te serán de gran ayuda. Primero piensa y e intenta recrear en tu mente que estas en una habitación vacía pintada de blanco y que las paredes son lisas.

Una vez que tienes esto, un buen ejercicio es pensar que sin tu moverte la habitación gira, prueba a pensar que estas mirando a una pared, y que la habitación gira alrededor de ti hacia la derecha por ejemplo. Ahora haz lo mismo pero "viendo" un punto en mitad de la habitación y que gira conjuntamente a la habitación, sigue así probando con más cosas, como rectas, planos, cuerpos geométricos simples (cubos y esferas)

Después de esto, puedes hacer otros ejercicios de visión espacial que resultan quizás un poco más difíciles (según la persona), busca un objeto a tu alrededor, y póntelo de forma que lo veas perpendicular a una cara, y ahora haz el ejercicio mental de recrear en tu mente como seria por ejemplo la planta, o un perfil. Si te cuesta concentrarte para verlo, puedes recurrir a la habitación blanca que hemos dicho antes, prueba a intentar "verlo" en esa habitación. El siguiente paso a esto, es que mirando de frente al objeto, puedas dibujarlo desde otro punto de vista, hacer distintas vistas del objeto sin tener que ponerte tu en otro sitio o cambiar de posición el objeto.

Capítulo 2 Introducción

El sistema diédrico es un sistema de representación en el cual normalmente utilizamos 2 vistas en el mismo papel, separadas por una línea, que llamaremos "línea de tierra", dejando las formalidades a parte, diremos que la línea de tierra separa las dos vistas. Por la parte de abajo se le pone en los extremos otra rayita chiquitina, y eso será lo que representa la vista en planta del objeto, y lo llamaremos plano horizontal de proyección. En la parte de arriba, que no están las rayas, es lo que va a corresponder a lo que llamaríamos el alzado del objeto, que es el plano vertical de proyección. Por la naturaleza de la forma de construcción que tiene, en el plano horizontal de proyección, podremos ver el alejamiento que tienen los elementos u objetos de la línea de tierra. Y en el plano vertical de proyección podremos ver la altura (cota) que tienen los elementos u objetos desde la línea de tierra. Todo lo que haya en el sistema diédrico va a ser la proyección que deja el objeto o elemento en los planos que hemos dicho, será como hacerles una foto. En las vistas para ponerle "nombre" a las cosas, lo normal es utilizar letras minúsculas, y en algunas ocasiones números. Pero siempre vamos a ponerle una prima (') al nombre que coincide en la proyección vertical, que es como si fuera el alzado, y normal a la proyección horizontal en planta. Lo haremos así por consenso y para no equivocarnos cuando hagamos cambios de plano, giros o abatimientos, que en estos últimos la proyección abatida si queremos ponerle nombre le pondremos lo mismo que a la normal pero, lo haremos en mayúscula y entre paréntesis.

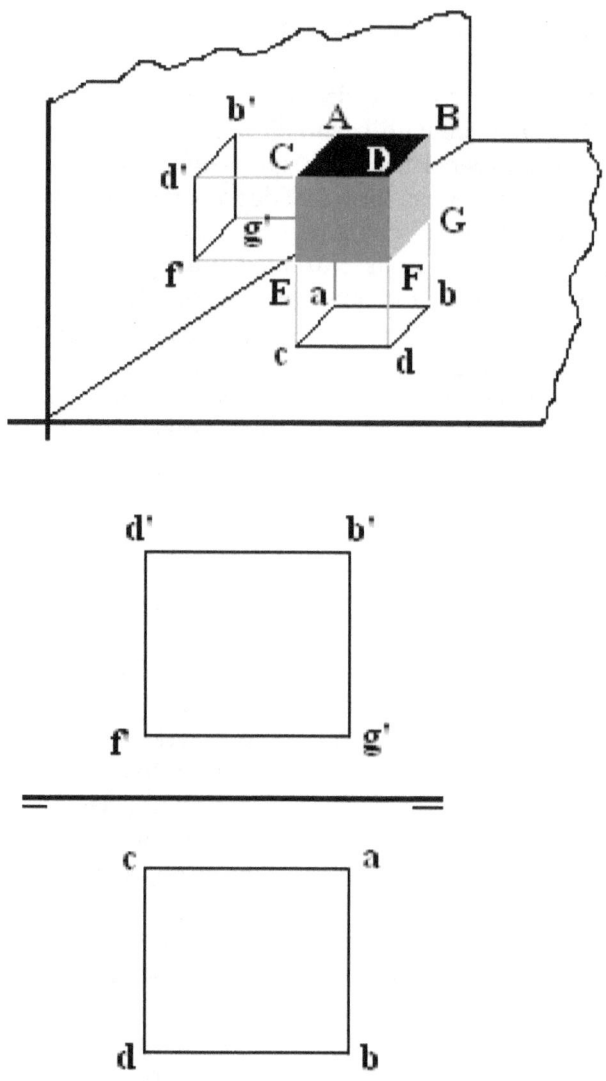

Capítulo 2.1 El punto

Entre los elementos que hay en los sistemas de representación el más básico es el punto. En el sistema diédrico sus dos proyecciones estarán en la misma línea vertical. Y respecto a lo que pone en los manuales y libros de textos, el punto tiene 17 posiciones distintas, pero nosotros normalmente nos vamos a quedar con que el punto esté dentro del primer cuadrante, que eso se resume, en que la proyección horizontal (visto en planta) es de la línea de tierra hacia abajo, y que la proyección vertical (alzado) este por encima de la línea de tierra

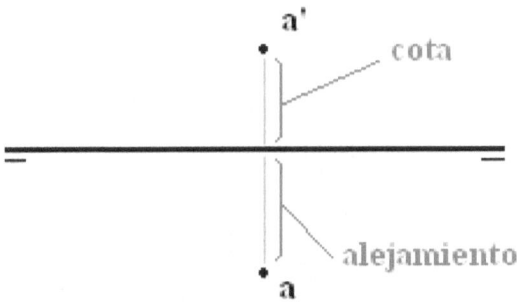

De forma general llamaremos cota (de un punto, una recta, un plano, o de lo que sea) a la distancia vertical o a la separación que hay entre el elemento y el suelo o al plano horizontal de proyección.
Por el mismo razonamiento denominaremos alejamiento a la separación o distancia horizontal que halla desde un elemento a la pared o al plano vertical de proyección

Anes Ortigosa Blázquez

Capítulo 2.2 La línea

La línea es el siguiente elemento en cualquier sistema de representación, y es una sucesión de puntos ordenados. En sistema diédrico una recta se representa por las dos proyecciones, la que se produce en la proyección horizontal y en la vertical. Al igual que el punto, la recta puede tener 9 posiciones, aquí también nos quedaremos solo con las posiciones de la recta que se encuentre en el primer diedro. Esto es que la proyección vertical esté en la parte superior de la línea de tierra, y la proyección horizontal en la parte baja de la línea de tierra.

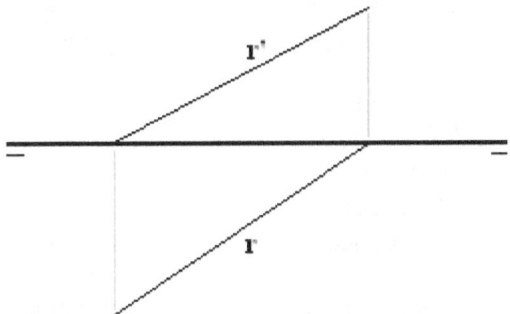

Dentro de que la recta esté dentro del primer cuadrante, puede estar en posiciones tipo, como puede ser, horizontal (paralela al plano horizontal de proyección), vertical (paralela al plano vertical de proyección y perpendicular al horizontal), paralela a la línea de tierra, de punta (paralela al plano horizontal y perpendicular al vertical), de perfil (contenida en un plano perpendicular a los dos planos de proyección), frontal (paralela al plano vertical), o en posición cualquiera

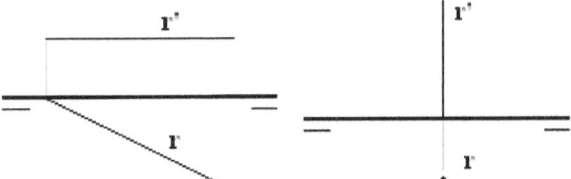

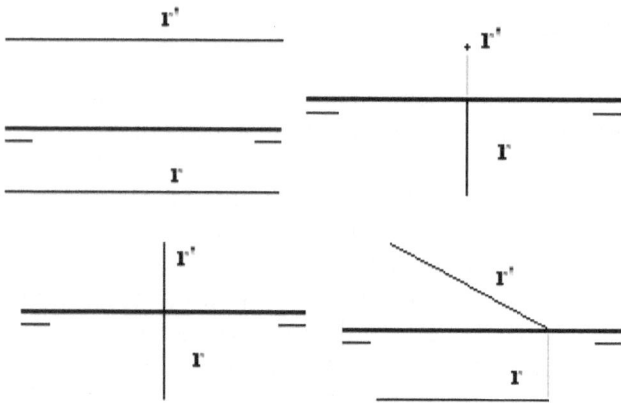

De la línea solo nos falta saber, que la podemos hacer con visibilidad, (partes vistas y ocultas). Esto sucede cuando cambia de cuadrante, que es cuando la línea atraviesa alguno de los planos de proyección. Esos puntos donde la línea atraviesa a los planos los llamaremos trazas de la recta, y como puede tener dos, los diferenciaremos, llamando traza horizontal, al punto donde la recta se toca con el plano horizontal, y en el dibujo lo pondremos con la letra h y h' según la proyección, y por extensión llamaremos traza vertical al punto donde la recta se toca con el plano vertical, y en el dibujo lo pondremos con la letra v y v' según la proyección.

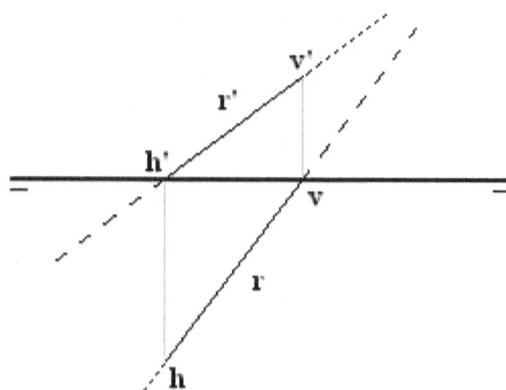

También se puede hacer línea discontinua cuando la proyección de la recta sobrepasa la línea de tierra. Si la recta está contenida en uno de los planos de proyección es como si fuera toda la proyección la traza, en este caso se dibuja en línea continua.

Anes Ortigosa Blázquez

Capítulo 2.3 El Plano

El plano es el último elemento de cualquier sistema de representación, es una superficie plana, y en el sistema diédrico lo representaremos mediante la intersección que hace dicho plano con los planos de proyección, que eso serán las trazas del plano, y en el sistema diédrico será una recta, que como hemos dicho antes, es una recta que está contenida en los planos de proyección y se nombran con letras mayúsculas. Como los otros elementos también tiene distintas posiciones tipos, que es lo que se llama alfabeto del plano, esas posiciones son 8, aquí es tontería quedarse solo con las que estén dentro del primer cuadrante, ya que un plano al ser una superficie, siempre pasa por el primer cuadrante. Estas posiciones tipo son colocando el plano horizontal (paralelo al plano horizontal de proyección, y por lo tanto solo tendrá traza vertical)

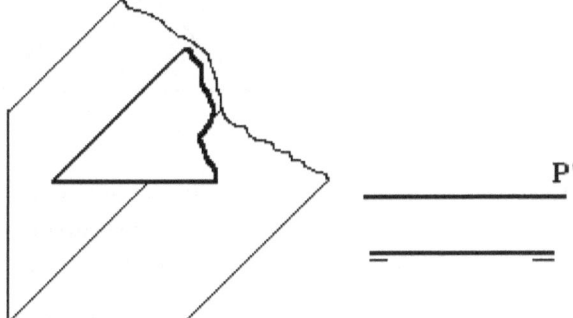

Colocándolo frontal (paralelo al plano vertical de proyección, y por lo tanto solo tendrá la traza horizontal)

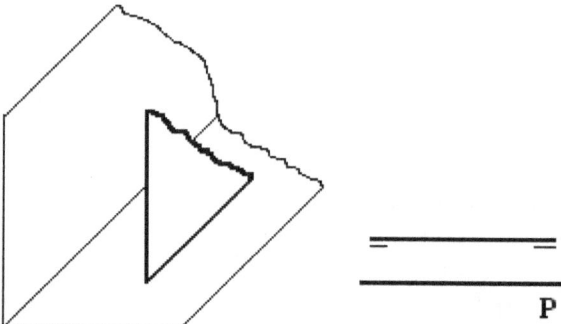

Poniéndolo como si fuera una rampa, que se le llama plano proyectante vertical porque se queda todo el plano proyectado como una "recta" en el plano vertical.

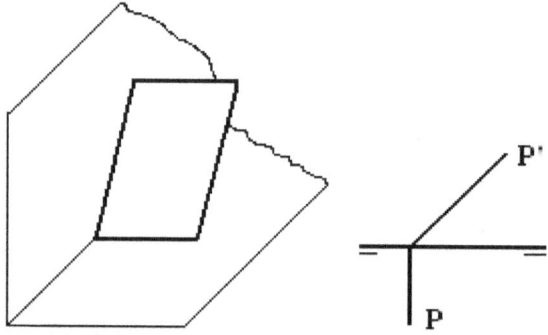

Poniéndolo como si fuera una puerta, que se le llama plano proyectante horizontal porque se queda todo el plano proyectado como una "recta" en el plano horizontal

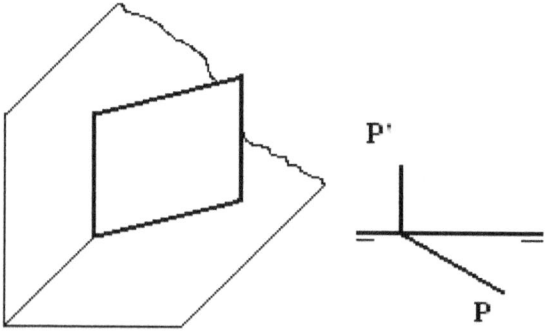

Haciéndolo paralelo a la línea de tierra

Sistema diédrico y acotado para aprobar

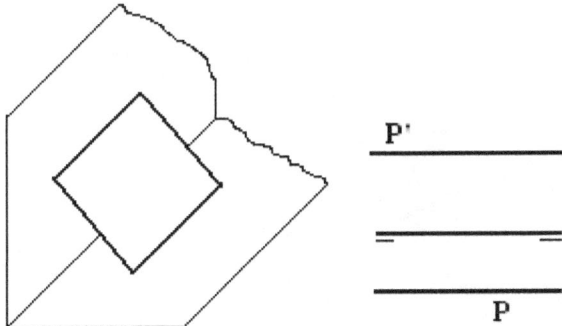

Poniéndolo que contenga a la línea de tierra

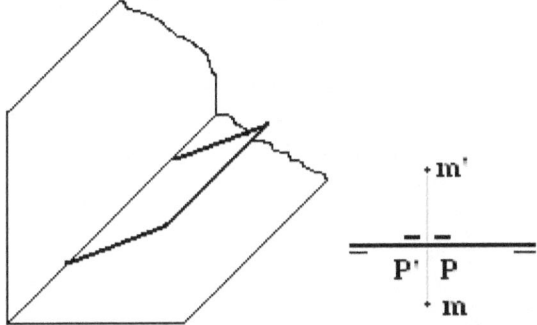

Poniéndolo de perfil, perpendicular a los dos planos de proyección

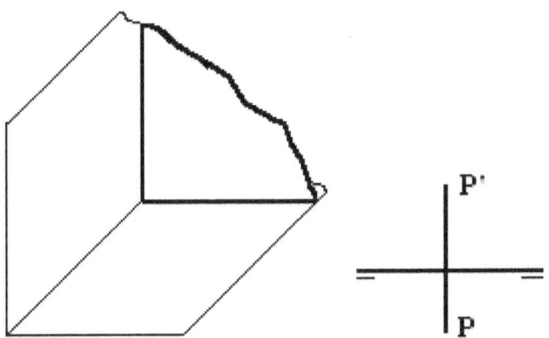

o de cualquier forma, que será un plano genérico o cualquiera

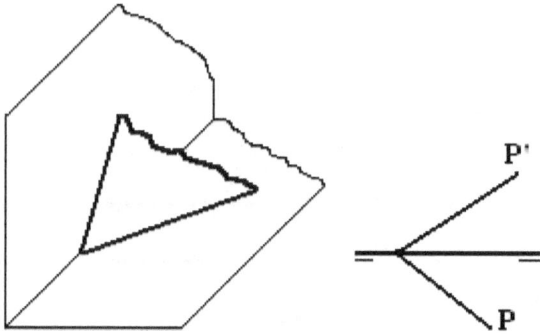

En un plano hay varias rectas singulares, que no está mal saber cuales son. Prácticamente en cualquier plano podemos encontrar una recta horizontal y/o frontal que esté contenida en el plano.

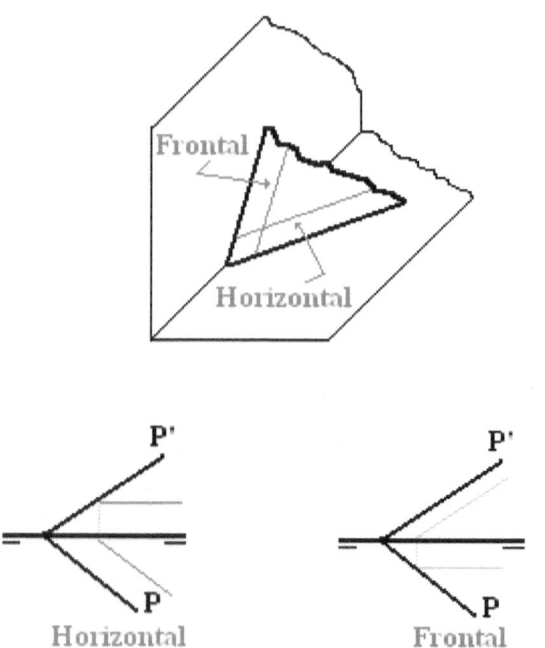

Otras rectas singulares y útiles en algunos casos, son la recta de máxima pendiente, que es la recta que indica la dirección que tomaría el agua al caer en el plano.

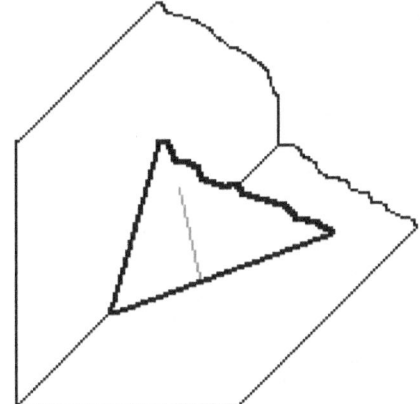

Recta de Máxima pendiente

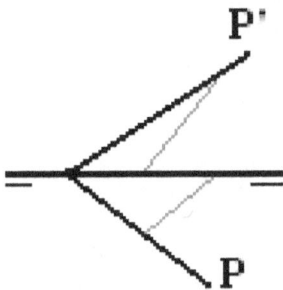

Recta de Máxima pendiente

Esta recta al dibujarla en el sistema diédrico, se dibuja perpendicular a la traza horizontal del plano al que pertenece.

La otra recta es la de Máxima inclinación, que es la recta contenida en el plano que forma el mayor ángulo con el plano vertical de proyección

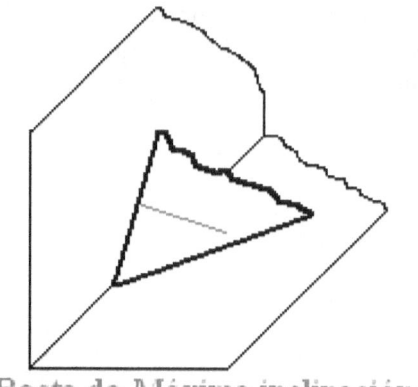

Recta de Máxima inclinación

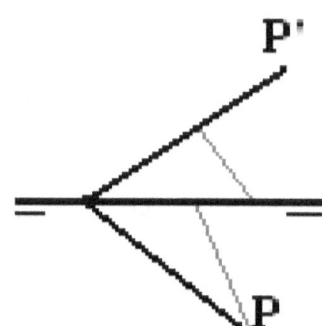

Recta de Máxima inclinación

Esta recta al dibujarla en el sistema diédrico, se dibuja perpendicular a la traza vertical del plano al que pertenece

Un plano en sistema diédrico usualmente puede quedar definido por 2 rectas que se cortan

Sistema diédrico y acotado para aprobar

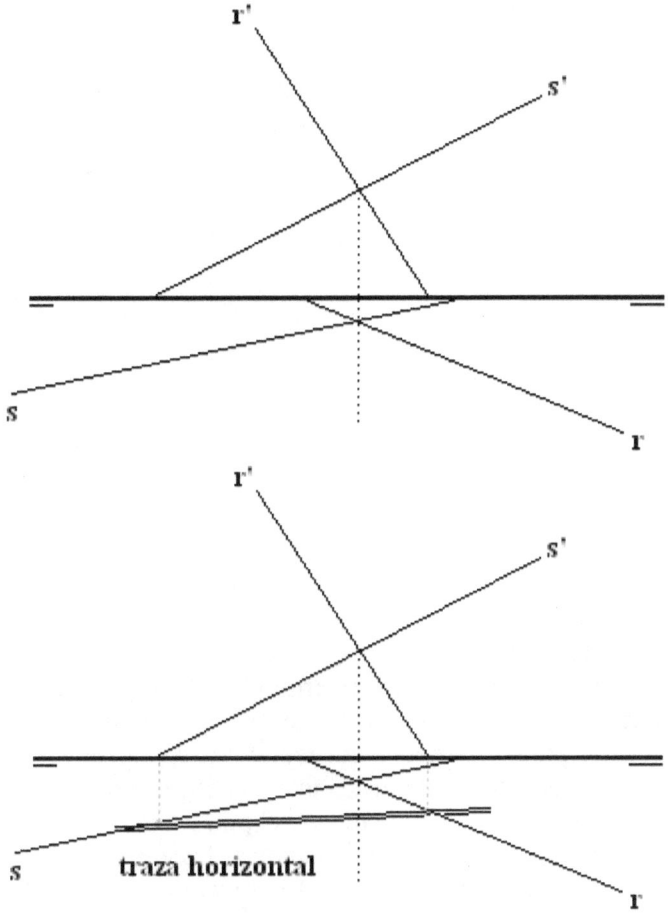

traza horizontal

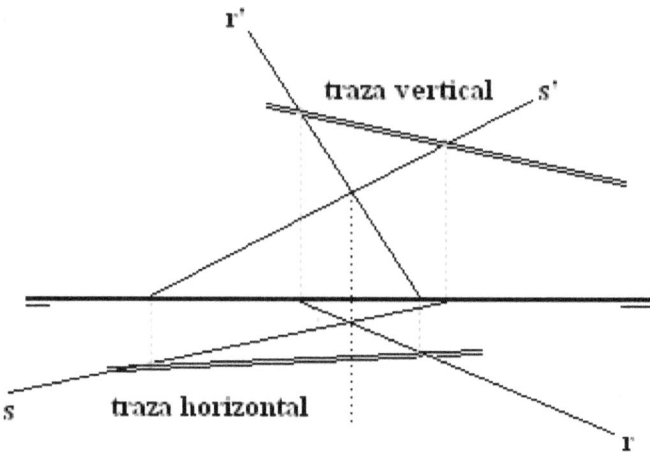

Solo hay que unir las trazas de las rectas que sean iguales, las primas con las primas y las normales con las normales, y así obtenemos las trazas del plano

También se suele definir por 3 puntos no alineados o por una recta y un punto exterior ella. Pero en estos dos casos, se reduce ha hacer dos rectas que se cortan. En los tres puntos, se hacen dos rectas que tengan un punto en común, y que cada una contenga a uno de los otros. Y en el caso de la recta y el punto exterior, se elige un punto al azar de la recta y se hace una línea de ese punto al punto exterior, y ya volvemos a tener dos rectas que se cortan.

Sistema diédrico y acotado para aprobar

Capítulo 2.4 Paralelismo

Solo se puede dar 3 casos de elementos paralelos, rectas paralelas ente si, planos paralelos entre si, o rectas y planos paralelos entre si.

Recta- Recta
Dos o más rectas son paralelas cuando sus proyecciones del mismo nombre (las primas de la proyección vertical, y las normales de la proyección horizontal) son paralelas. Por lo que se puede ver a simple vista directamente

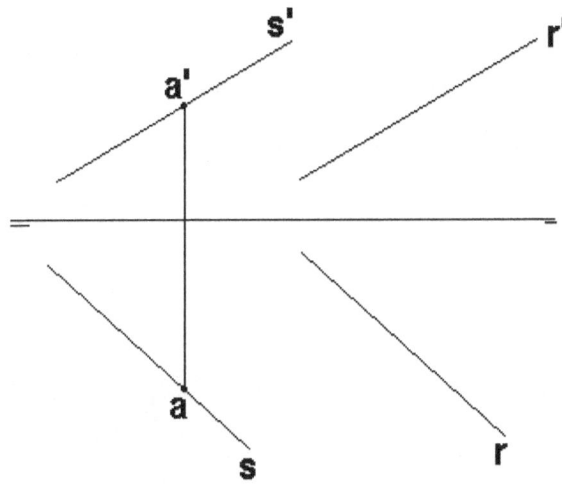

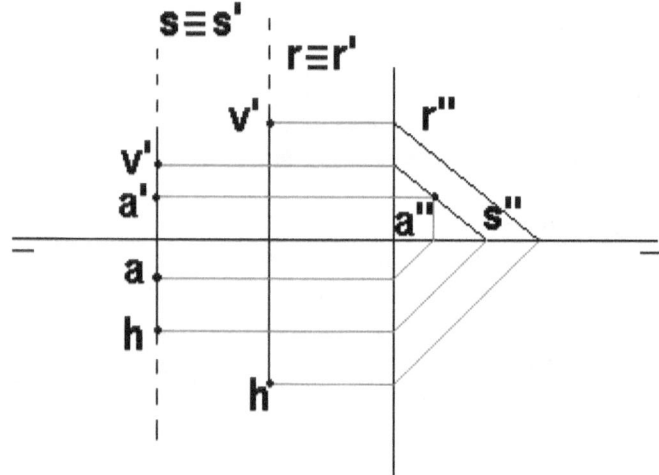

Cuando las rectas, están paralelas a la vista de perfil, solo hay que hacer un cambio de plano, para comprobar que sus proyecciones son paralelas, y por lo tanto las rectas también lo son

Plano- Plano
Dos o más planos son paralelos cuando las trazas del mismo nombre (las primas de la proyección vertical, y las normales de la proyección horizontal) son paralelas. Por lo que se puede ver a simple vista directamente

Sistema diédrico y acotado para aprobar

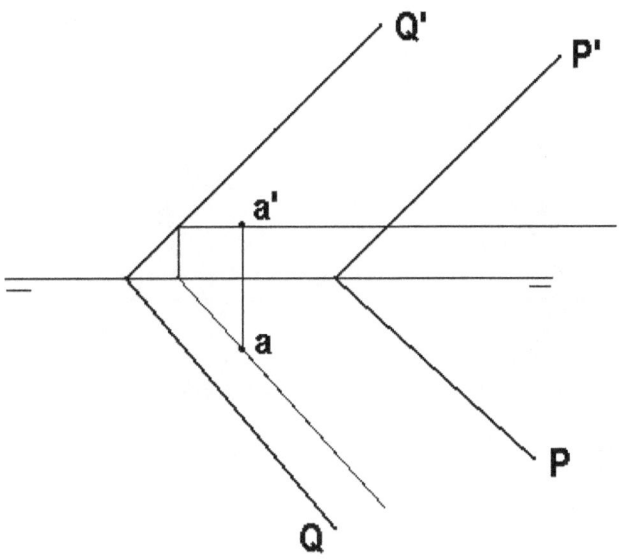

Recta – Plano
Una recta y un plano o un plano y una recta son paralelos entre si, cuando una recta paralela está contenida en el plano que tenemos (caso del ejemplo) o cuando un plano paralelo al que tenemos contiene a la recta que nos dan. Este ya no se ve directamente.

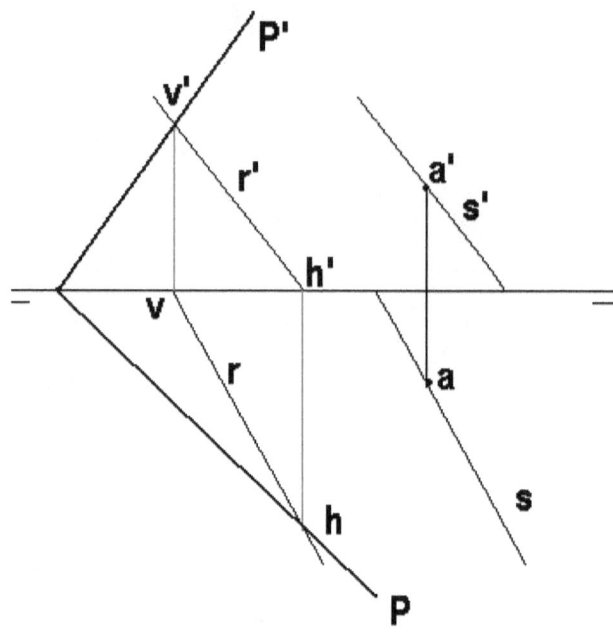

Capítulo 2.5 Perpendicularidad

En perpendicular también puede existir solo 3 casos que son los mismos que en el apartado anterior, que sean rectas perpendiculares, que sean planos perpendiculares, o que sean rectas y planos perpendiculares. Empezamos por recta-plano porque es más fácil, y nos sirve de apoyo para los otros casos.

Recta – plano
Una recta y un plano son perpendiculares entre si cuando las proyecciones de la recta son perpendiculares a las proyecciones del mismo nombre del plano (la vertical de recta, con la vertical del plano, y la horizontal de la recta con la horizontal del plano). Por lo tanto al contrario que en paralelismo este caso se ve directamente a simple vista.

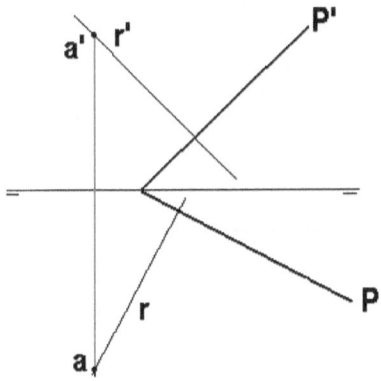

Recta – Recta
Dos rectas son perpendiculares, da igual si se cortan o se cruzan, si una de ellas está contenida en un plano perpendicular a la otra recta. Este caso no se puede ver a simple vista, por ello nos apoyamos en el anterior.
(recta perpendicular a otra, cortándose)

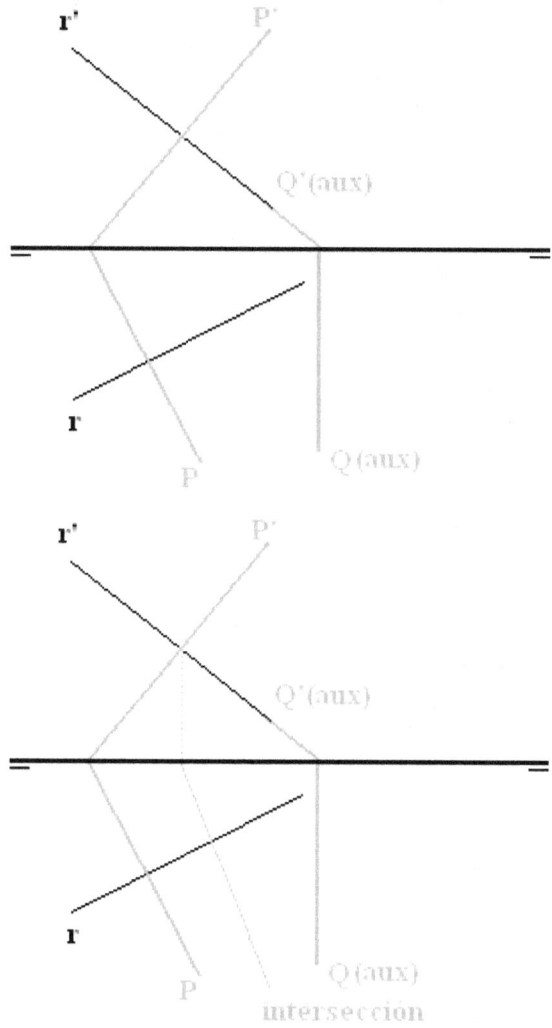

Sistema diédrico y acotado para aprobar

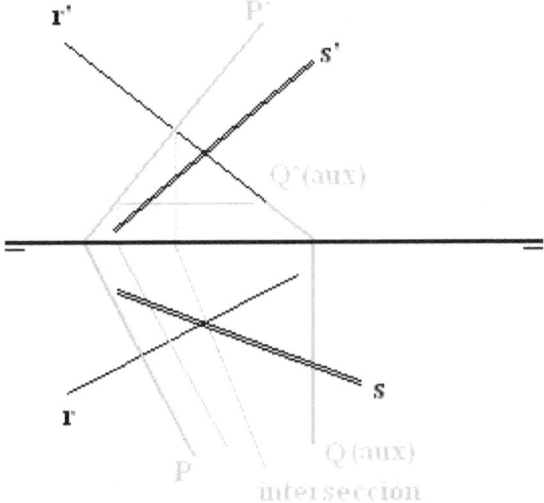

Hacemos un plano P, perpendicular a la recta dada {r}, se mete la recta r, en un plano auxiliar, y se hace la intersección entre los dos planos, se hace una recta auxiliar que esté contenida en el plano que hemos hecho (P), se coge un punto cualquiera de ella, y se une con la intersección, y esa recta {s} ya es perpendicular a la primera recta.

Plano – Plano
Dos planos son perpendiculares cuando uno de ellos contiene una recta que es perpendicular al otro. En el caso de que tengamos un plano y queramos hacer otro perpendicular, basta con hacer la recta perpendicular, y otra recta que corte a la otra, y con eso podemos sacar ya un plano perpendicular al primero, porque un plano queda definido por 2 rectas que se cortan

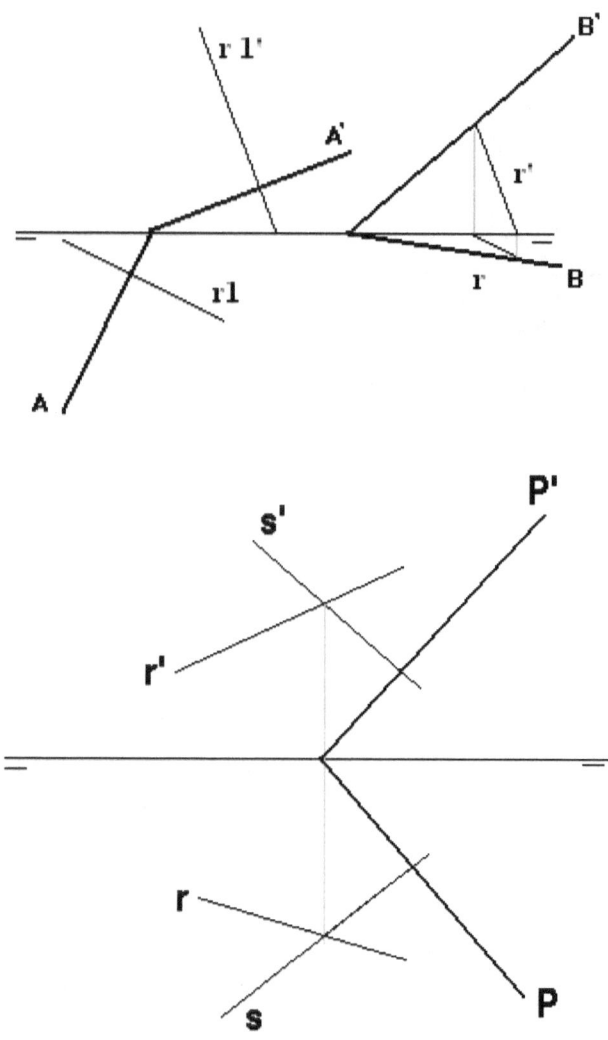

* un plano queda definido por dos rectas que se cortan, siendo una de ellas perpendicular al plano P

Capítulo 2.6 Abatimientos

Abatir es hacer girar un plano sobre un eje, hasta superponerlo o ponerlo paralelo a otro plano, generalmente los abatimientos los haremos contra el plano horizontal de proyección. Siempre vamos a abatir elementos dentro de un plano, ya que realmente solo se pueden abatir planos.

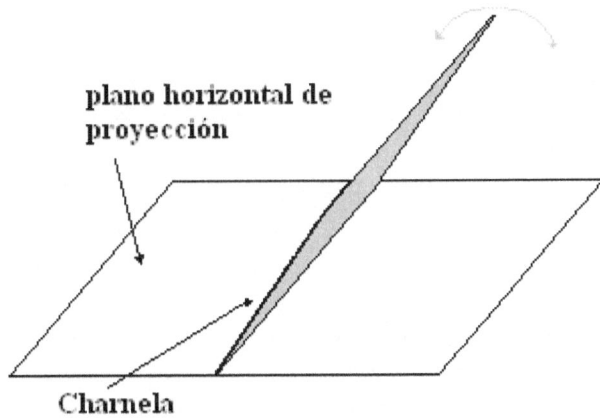

La línea que hace de eje, que es sobre la que gira el plano, se llama charnela.

Lo más básico que se puede abatir es un punto, y lo haremos por el siguiente procedimiento.

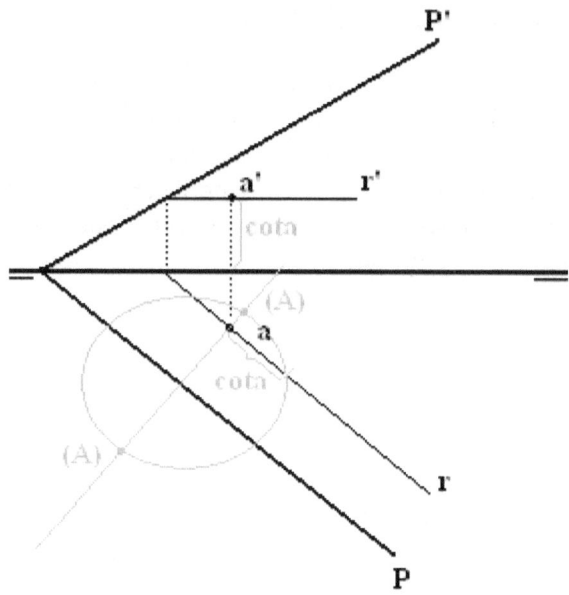

Esto es abatiendo con un plano cualquiera, y utilizamos como charnela la traza horizontal del plano P. Para abatir un punto, siempre haremos una paralela y una perpendicular a la chanela y que pasen por el punto que queremos abatir. Cogemos la cota del punto y la ponemos en la paralela, desde el punto. Ahora desde donde se cortan la perpendicular y la charnela, hacemos una circunferencia que pase por el extremo del segmento de la cota. Donde esta circunferencia corta a la perpendicular tenemos las dos posibles situaciones del punto abatido. Y se nombran con letra mayúscula entre paréntesis. Hay dos posibilidades porque el plano se puede abatir en los dos sentidos.

Para abatir una recta, solo hay que abatir dos puntos de la recta

Sistema diédrico y acotado para aprobar

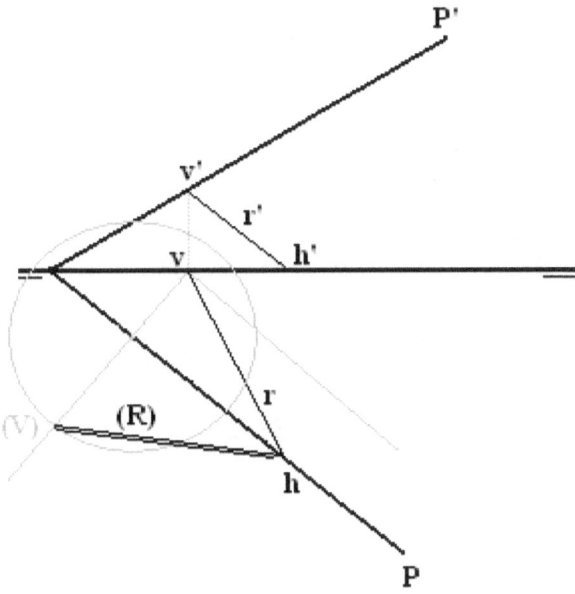

Si la recta está en cualquier otra posición es lo mismo, se abaten dos puntos, y se unen y ya tenemos la recta abatida, pero si la recta corta a la charnela, ese punto se abate sobre si mismo, por lo tanto es un punto doble.

Abatir un plano cualquiera
Lo podemos hacer de dos formas el método general (largo) y por el método resumido (corto)

Método general

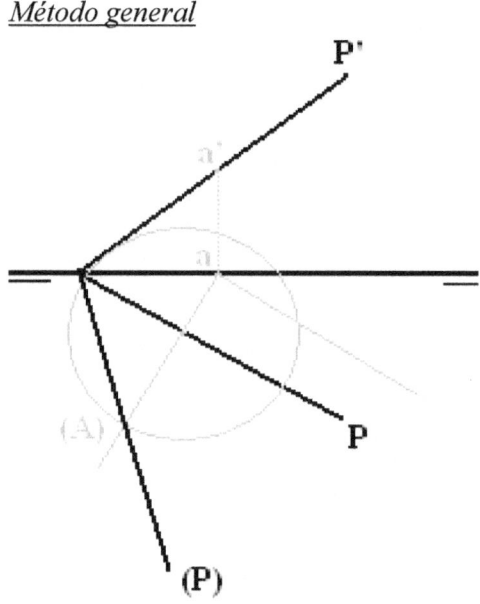

Utilizamos una de las trazas del plano como charnela. Como siempre, abatimos un punto perteneciente a la traza, y al unir ese punto abatido, con el punto de la línea de tierra, que es también donde corta a la charnela ya tenemos el plano abatido. (Aunque realmente lo que hacemos es abatir la recta que representa la traza).

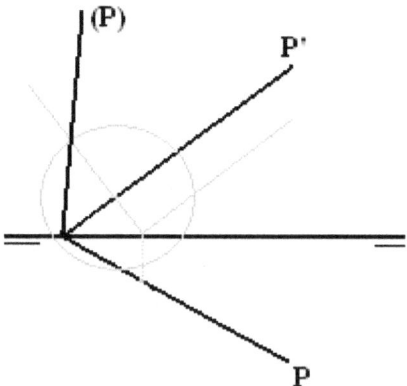

A igual que el resto de elementos, también se puede abatir hacia el plano vertical.

Sistema diédrico y acotado para aprobar

Método resumido

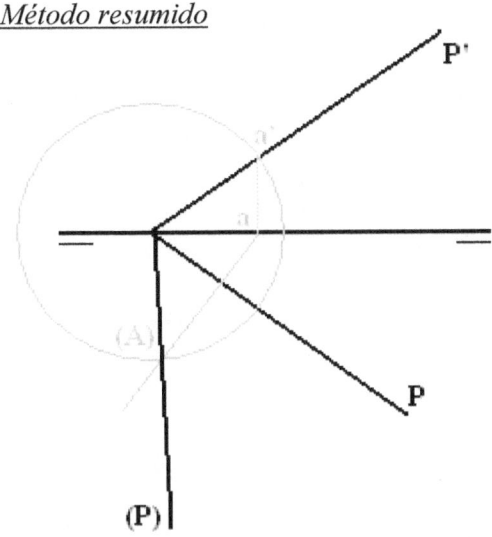

Para abatir por ejemplo contra el plano horizontal, se coge un punto de la traza a abatir, por la proyección horizontal se hace una perpendicular a la traza horizontal del plano (o charnela). Pinchando con el compás en la unión con la línea de tierra, abrimos hasta el punto que hemos cogido del plano, y hacemos la circunferencia. Donde la curva corta a la perpendicular, ese es el punto por donde pasa la nueva traza, unimos ese punto con la unión de la línea de tierra, y ya hemos abatido la traza.

Abatimientos singulares.
Abatir elementos contra un plano paralelo a los de proyección. Por ejemplo un punto contra un plano paralelo al vertical. (También se puede hacer con el horizontal)

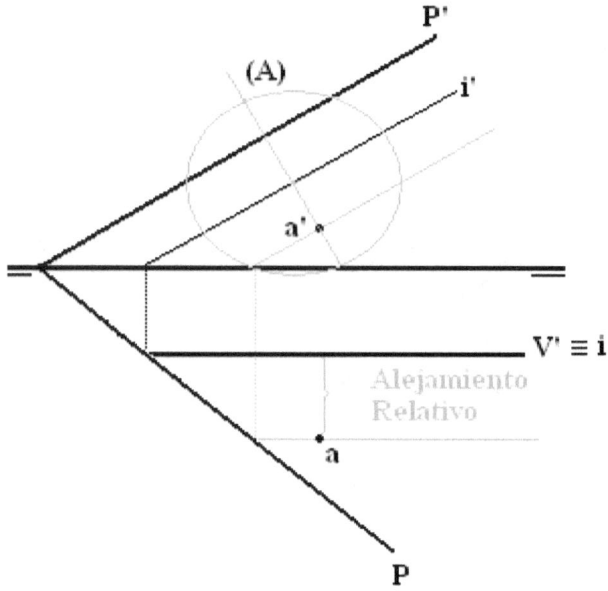

Se abate normal, como si fuera el plano vertical de proyección, solo que hay que tener cuidado al coger el alejamiento, ya que tiene que ser el alejamiento relativo, que es la distancia del punto al plano vertical paralelo que estamos considerando. La charnela es la recta intersección (i) entre el plano cualquiera y el plano cualquiera. Nota: El símbolo ≡, significa coincidente, y se utiliza cuando una proyección tapa a otra.

Abatir planos cuando lo definen dos rectas que se cortan

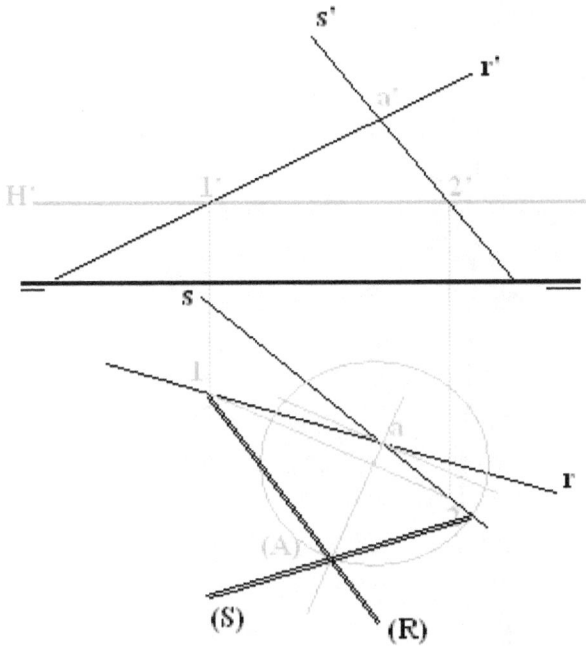

Se hace un plano horizontal (que es sobre el que vamos a abatir) que esté un poco separado del punto de corte de las rectas (a). Este plano corta a las rectas en un punto a cada una (1 y 2). Si unimos los dos puntos en la proyección horizontal tenemos ya una charnela, si abatimos el punto (a) respecto a esa charnela, y unimos los puntos dobles (1 y 2) con el punto abatido (A), tenemos las dos rectas abatidas y por lo tanto el plano que las contiene.

Abatimiento de elementos mediante horizontales o frontales de plano (método del billar)

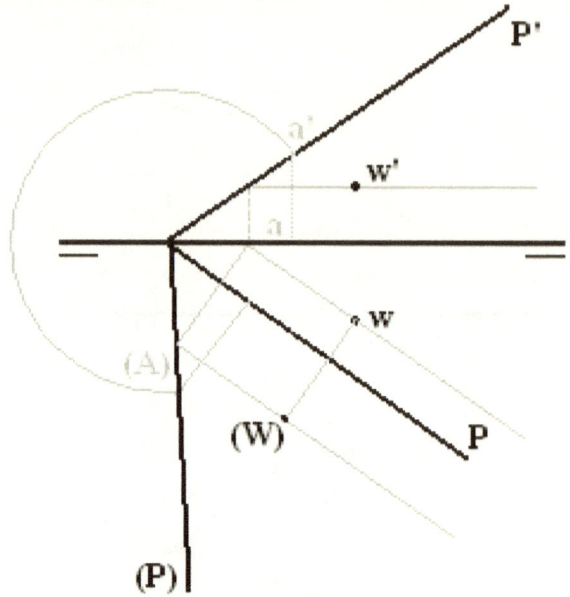

Una vez que tenemos el plano abatido, aplicamos lo que llamaremos la regla del billar.
Hacemos una recta paralela a la charnela que pase por el punto que queremos abatir, cuando esta línea toca a la línea de tierra, hacemos una perpendicular hasta la traza abatida, y desde hay otra paralela a la charnela. Después hacemos una perpendicular desde el punto, y donde corte a la paralela a la charnela hecha en la zona abatida, ese es el punto abatido.

Este método es muy útil, ya que se puede utilizar para abatir figuras, se abaten los puntos y después se unen. Y también porque es igual de sencillo para desabatir cualquier cosa.

Sistema diédrico y acotado para aprobar

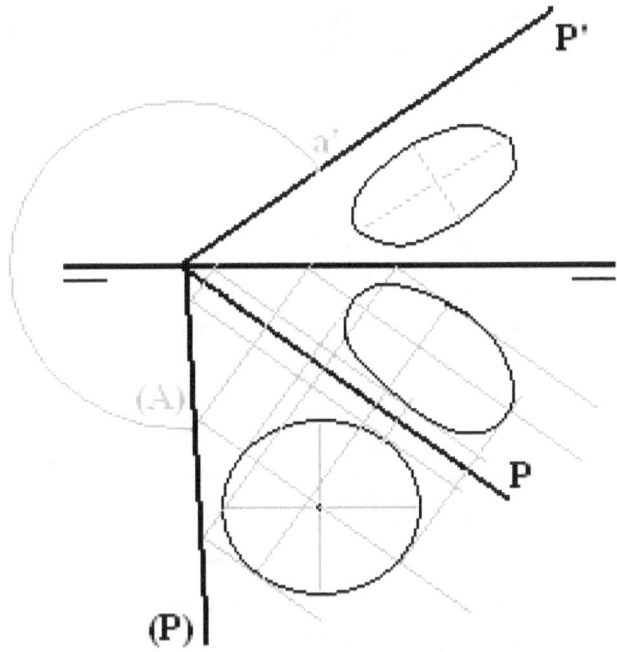

Para desabatir solo hay que hacer el sistema inverso.
Nota: en la posición abatida, las paralelas y perpendiculares a la traza abatida se mantienen al desabatir.

Abatimiento de una figura plana

El ejemplo lo haremos con triangulo que es más sencillo, pero se puede hacer con cualquier figura.

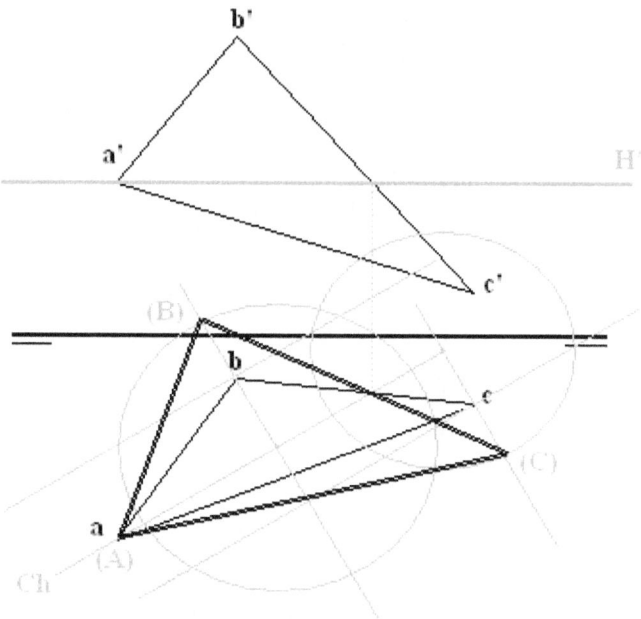

Tenemos el triangulo en una posición cualquiera, y lo primero que tenemos que hacer, es hacer un plano horizontal, para obtener la charnela, que realmente es la dirección de las horizontales del plano del triangulo. Una vez que tenemos la charnela, pues abatimos como siempre, pero con una modificación. Hay que tener especial precaución en que ahora hay puntos por encima y por debajo del plano a abatir. Esto significa, que en uno tenemos que tomar una solución (en el B la que sale por encima) y en el otro que está al otro lado del plano sobre el que abatimos la otra (en el C la solución que sale por abajo).

Sistema diédrico y acotado para aprobar

Abatimiento mediante afinidad
Con este método primero tenemos que tener algún punto abatido o desabatido, en definitiva, tenemos que tener al menos un punto con todas sus proyecciones. Con este método también se puede desabatir con la misma facilidad con la que se abate. Hay que tener un poco de astucia par hacer este método, ya que se pueden provocar zonas de imprecisión, y eso provoca que también salga imprecisa la solución

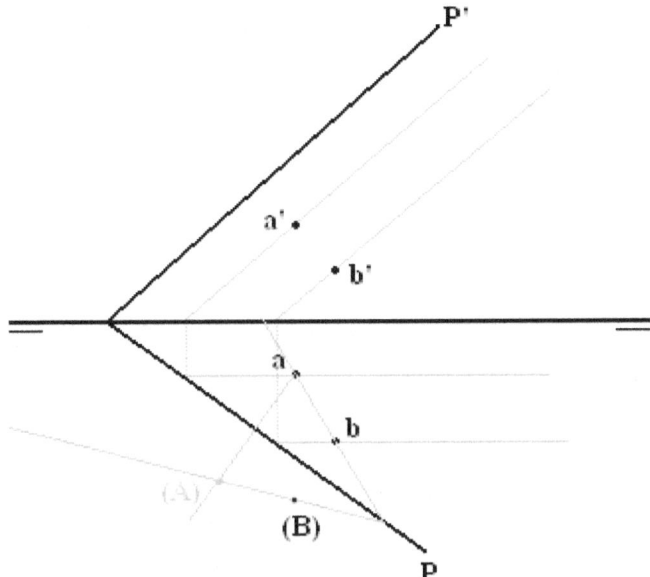

En el ejemplo vamos a abatir el punto A, una vez que tenemos las proyecciones de B, lo que hacemos es unir las proyecciones horizontales de A y B con una línea que llegue hasta la traza del plano, y después hacemos otra línea desde ese punto y que pase por la proyección abatida de B. El siguiente paso es hacer una perpendicular a la traza que pase por el punto A. Donde se corta esta última recta con la otra que hemos hecho, ese es el punto A abatido.

45

Capítulo 2.7 Giros

Un giro no es más que el cambio de posición de un elemento, respecto a un eje, al cual siempre guarda la misma distancia. Generalmente en el sistema diédrico los giros que se hacen, son con los ejes verticales, o con los ejes perpendiculares al plano vertical de proyección (de punta)

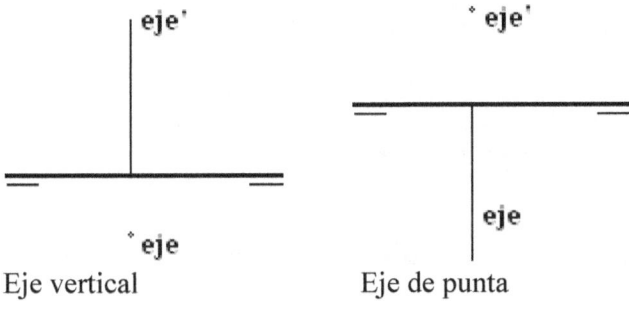

Eje vertical   Eje de punta

Giro de un punto
Un punto se puede girar tanto en proyección vertical como en proyección horizontal

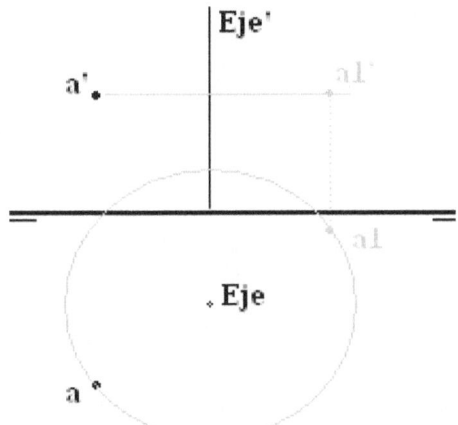

Se hace el eje, y en la proyección donde el eje es un punto el punto a girar "rota" y en la proyección donde el eje es una recta el punto a girar "oscila" en una recta

Giro de una recta

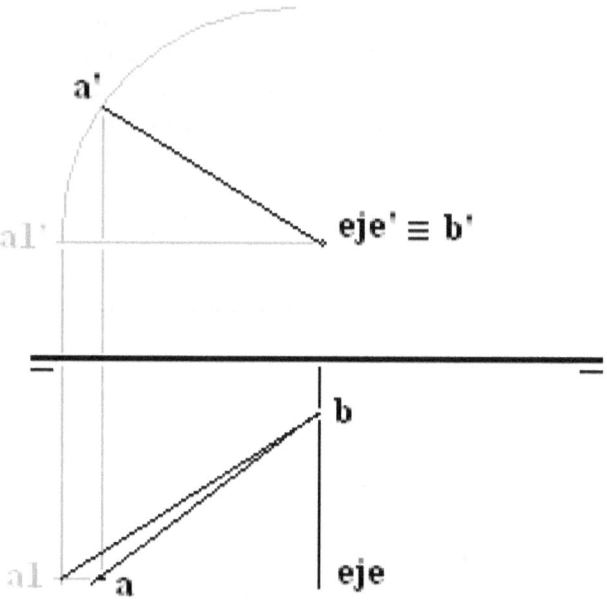

Intentaremos aprovechar que los puntos del eje son dobles, para colocar el eje en uno de los puntos de la recta, y así el resto es abatir otro punto de la recta, y unir ese punto abatido con el del eje. Ya estará la recta girada

Sistema diédrico y acotado para aprobar

Girar un plano

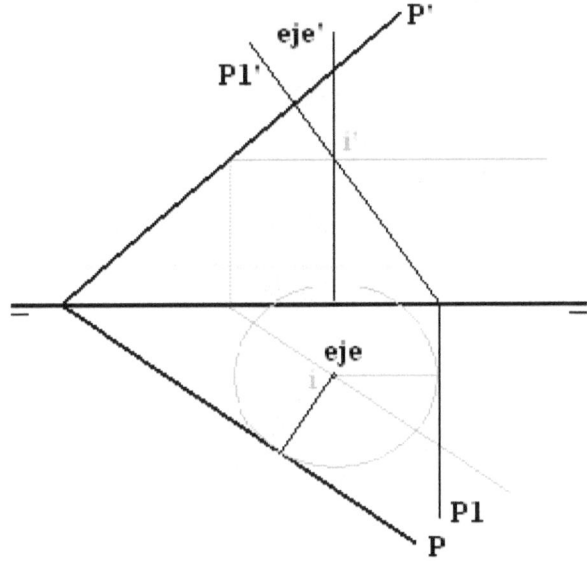

Se hace el eje y en la proyección donde el eje es un punto, se hace una perpendicular a la traza que llegue hasta el eje, y se gira hasta la posición que queremos, para la otra traza si la posición final del plano es proyectante, utilizaremos la intersección del plano con el eje, y uniendo el punto intersección con el de la nueva traza y la línea de tierra ya tenemos la traza. Para la intersección se puede hallar mediante intersección recta-plano, o utilizando el método de 2 rectas que se cortan, utilizando el eje y otra recta contenida en el plano, normalmente se utilizan frontales y horizontales

También se pueden girar figuras
Como siempre por su simpleza vamos a recurrir a un triangulo

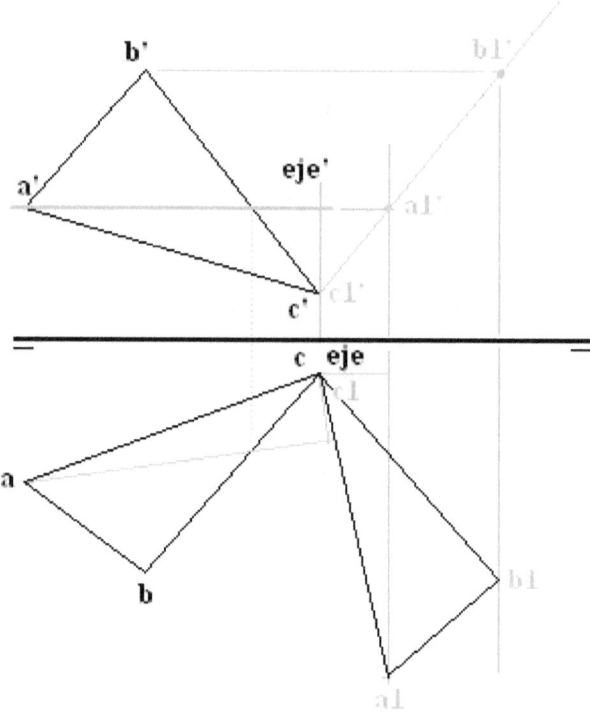

Primero como siempre obtenemos la dirección de las horizontales, cortando a la figura con un plano horizontal. Una vez que tenemos la dirección de las horizontales, las giramos poniéndolas en la dirección que queremos. Una vez hecho esto, ya tendremos dos puntos del triangulo pasados, por lo tanto el que queda lo podemos pasar de dos formas. Transportando con el eje de giro, como si girásemos un punto cualquiera. (Teniendo en cuenta que guarde el mismo ángulo con los otros puntos) o como hemos hecho en el ejemplo, y es a través de la proyección vertical, ya que al poner el triangulo en una posición proyectante, podemos obtener en que posición va a estar el punto que nos falta, y sabiendo la medida de uno de los lados, la pasamos y listo. Con esto último hay que tener cuidado, la distancia de los lados solo será igual en la proyección donde rota la figura.

Capítulo 2.8 Cambio de plano

Los cambios de planos, son simplemente que cambiamos el punto de vista, nos cambiamos de sitio para mirar al objeto. Eso en el papel se representa cambiando de sitio la línea de tierra, y solo hay tener en cuenta si cambiamos el plano vertical {que se indicara poniendo una V', o si cambiamos el horizontal que se indicará poniendo una H'}en el caso de que cambiemos el vertical, se pone la nueva línea de tierra, {con dos rayitas, que se pondrán por el lado que consideremos que va a ser la proyección horizontal} y poniendo el cambio que hacemos, y se pasan los puntos al nuevo sistema diédrico, al cambiar el vertical, los puntos del plano horizontal siguen manteniendo sus posiciones, y solo habrá que "recolocar" las proyecciones verticales, que deben de mantener las mismas cotas, por lo tanto desde las proyecciones horizontales, se hacen perpendiculares a la nueva línea de tierra, y se pasa la cota que tenían. Si por el contrario cambiamos el plano horizontal, lo que se va a mantener el es la cota, entonces repetiremos el proceso anterior, pero para los alejamientos, hacemos perpendiculares a la nueva línea de tierra desde las proyecciones verticales, y se pasan los alejamientos.

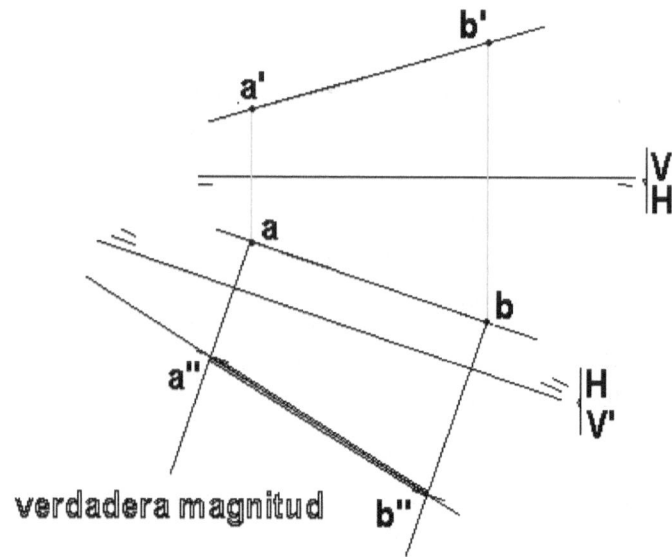

(En este ejemplo se ha cambiado el plano vertical. Para pasar rectas, se pasan dos puntos)

Para cambiar de plano un plano se hace de otra forma parecida, lo más usual es cambiar el plano para transformarlo en proyectante, y esto se hace de la siguiente forma. Se hace la nueva línea de tierra perpendicular a una traza, después se coge un punto de la otra traza del plano, y lo llevamos a la antigua línea de tierra, y perpendicular a la nueva línea de tierra hacemos una línea, al pasar la línea de tierra nueva, ponemos la altura o el alejamiento, que teníamos en la anterior posición, y si unimos ese punto con donde corta la nueva línea de tierra con la traza, ya tenemos la nueva traza del plano

Sistema diédrico y acotado para aprobar

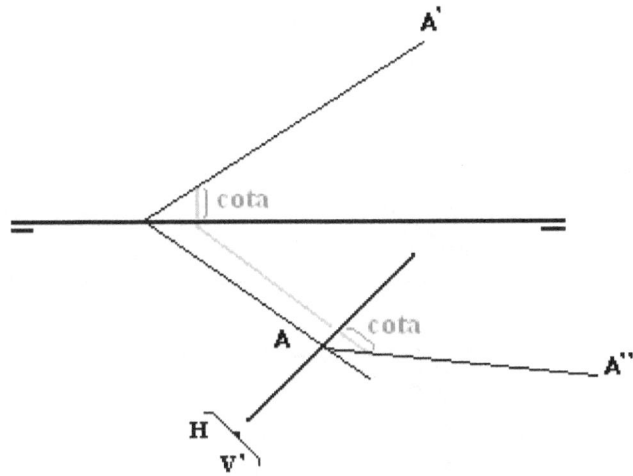

(En este caso hemos hecho el plano cualquiera, proyectante vertical)

Para hacer cambios de planos de forma genérica se hace de la siguiente forma:
Se hace la nueva línea de tierra, donde corte la nueva línea de tierra a una de las trazas, ahí será donde se junten las dos trazas. Después desde el punto donde se cortan las dos líneas de tierra, cogemos el punto de la traza que coincide en ese punto, hacemos una perpendicular a la nueva línea de tierra, desde el punto donde se cortan las dos, y ponemos la distancia que hay entre la traza y la línea de tierra primera (ya sea alejamiento o cota, según el caso). Y uniendo ese nuevo punto, con donde corta la nueva línea de tierra a la traza, ya tenemos la traza que nos falta.

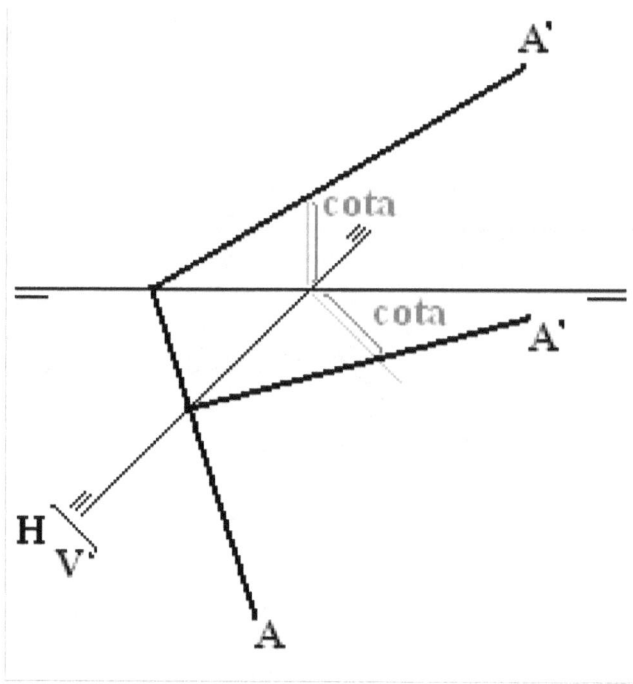

Capítulo 2.9 Distancia

Distancia entre dos puntos
Es el segmento que une los dos puntos, se pueden dar dos distancias, la distancia en proyección o en posición, y la distancia en verdadera magnitud

Distancia en posición

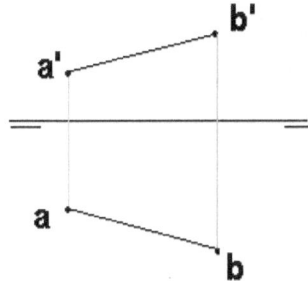

Verdadera magnitud (por abatimiento)

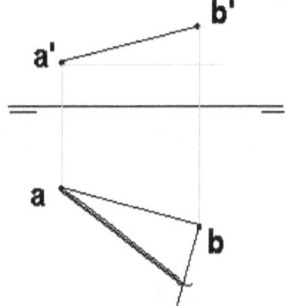

verdadera magnitud

Para sacar la distancia en verdadera magnitud, lo que hacemos es tomar la diferencia de cota entre los dos puntos, o la diferencia de alejamiento entre los puntos, y en la proyección contraria, lo colocamos en una perpendicular, si unimos este nuevo punto, con el otro del segmento que queremos, ese nuevo segmento es la distancia entre los dos puntos en verdadera magnitud, realmente estamos haciendo un abatimiento

Verdadera magnitud (por giro)

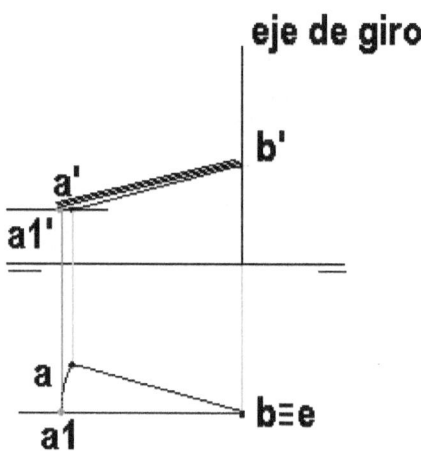

Verdadera magnitud (por cambio de plano)

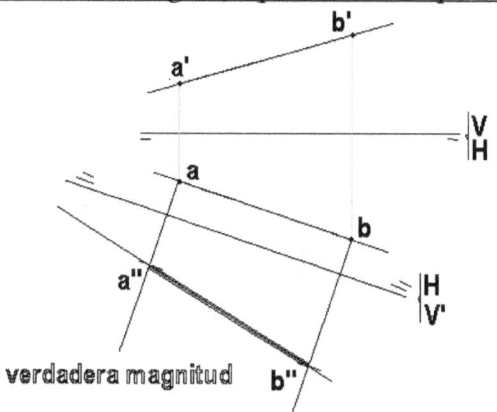

Sistema diédrico y acotado para aprobar

Por giros y cambio de plano, lo que buscamos es colocar la recta que une los dos puntos en una posición directa o proyectante. (Frontales, horizontales, etc...)

Distancia Punto-recta
La distancia entre un punto y una recta es el segmento que los une y que se encuentra sobre la perpendicular trazada desde la recta al punto.

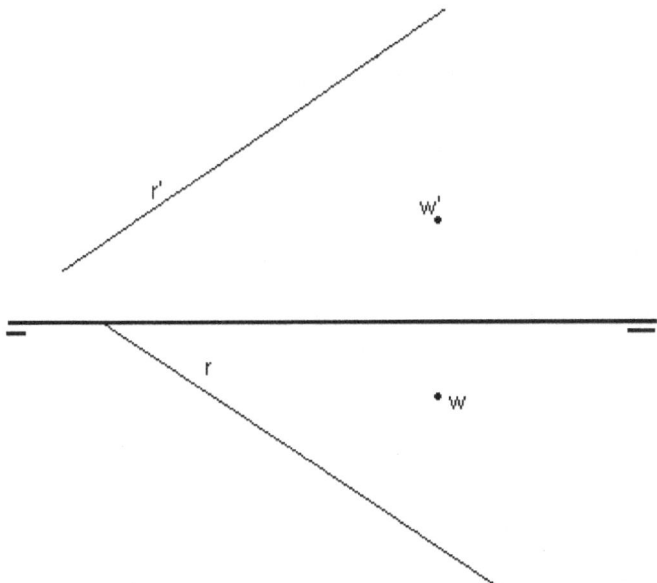

Tenemos como dato la recta r y el punto w

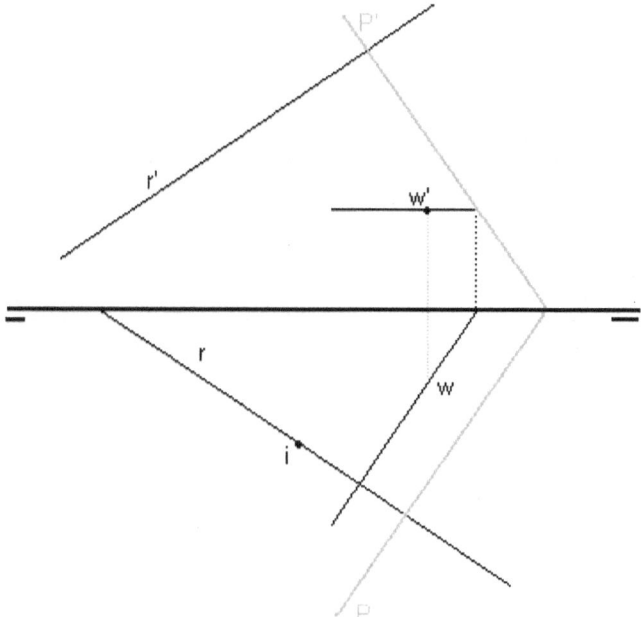

Para hallar esta distancia hacemos un plano P, que contenga al punto W, y que sea perpendicular a la recta R

Sistema diédrico y acotado para aprobar

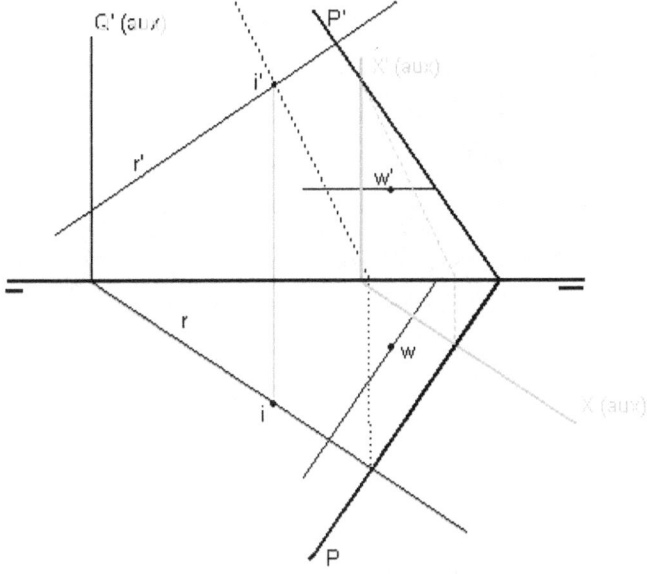

Después hacemos la intersección de la recta con el plano [si como en este caso la recta intersección se nos sale del papel, podemos hacer un plano paralelo más cerca del otro (plano x), hallar la dirección de la recta intersección, y aplicarla en el punto correspondiente entre los dos planos que estamos considerando {P y Q(aux)}]

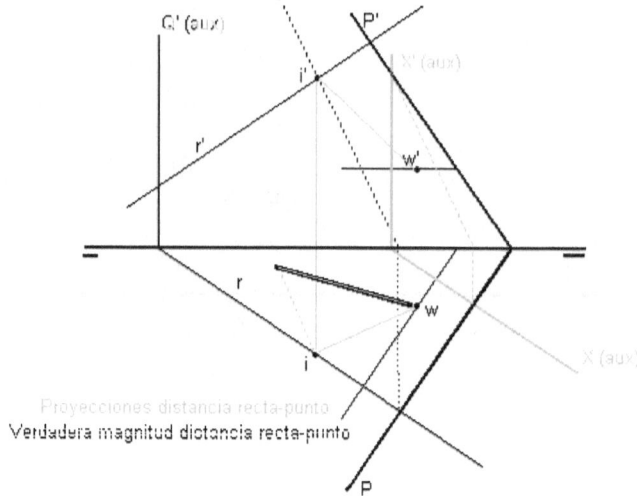

Después hacemos la distancia entre el punto W y el punto intersección i. La distancia entre esos puntos es la distancia recta-plano

Distancia punto-plano
La distancia entre un punto y un plano es el segmento perpendicular al plano que a su vez contiene o pasa por el punto.

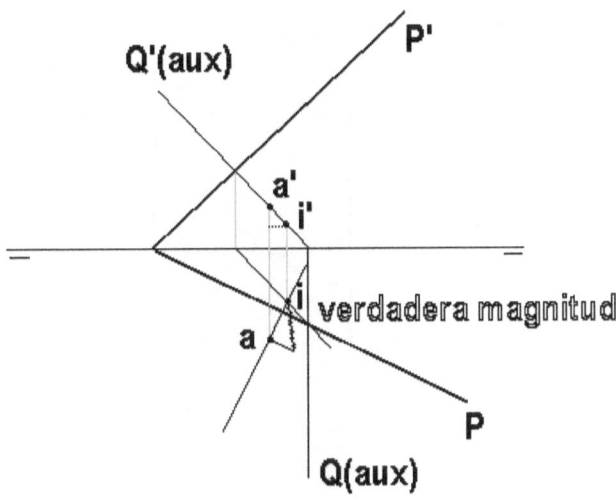

Se hace una recta perpendicular al plano que pase por el punto a, después se hace la intersección entre la recta y el plano, y se halla la distancia entre el punto a, y el punto intersección

Distancia entre rectas paralelas

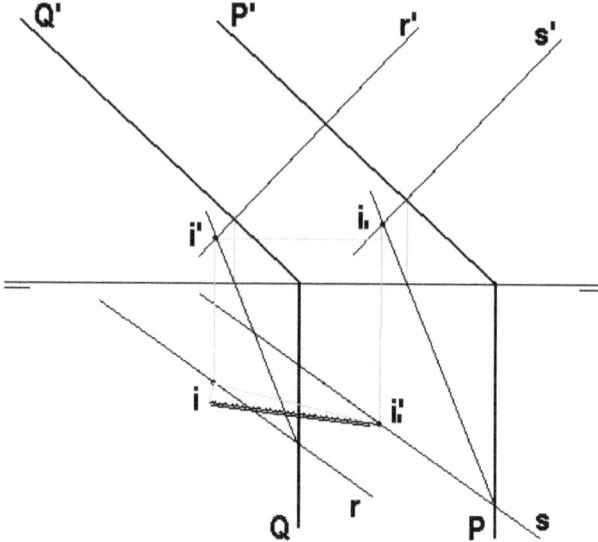

Hacemos un plano perpendicular a las rectas paralelas, y hayamos las intersecciones entre las rectas y el plano, y la distancia entre los puntos de corte, es la distancia entre las rectas

Distancia entre dos rectas que se cruzan
Mediante perpendicularidad y paralelismo

Este sistema es muy engorroso en comparación con los otros, por lo que no vamos a desarrollarlo, solo comentar como se haría, para tener una idea de cómo funciona.

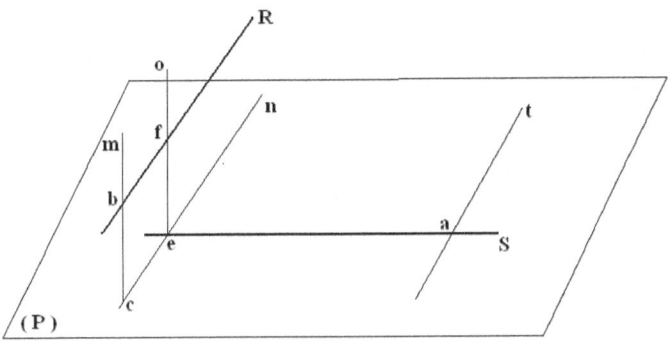

Por un punto cualquiera (a) de la recta (s) se hace una paralela (t) a la recta (r). Obtenemos las trazas del plano (P) formado por las rectas (s) y (t). Después por un punto cualquiera (b) de la recta (r) hacemos una recta perpendicular (m). Hacemos la intersección entre el plano (P) y la recta (m), que nos da el punto intersección (c). Por el punto (c) hacemos una paralela a la recta (r) y que esté contenida en el plano (P). Donde la recta (n) corta a la recta (s) obtenemos el punto (e). Ahora hacemos una recta (o) paralela a la recta (m) que contenga al punto (e). Donde la recta (o) corta a la recta (r) tenemos el punto (f). La distancia E-F es la mínima distancia entre dos rectas que se cruzan

Mediante cambio de plano

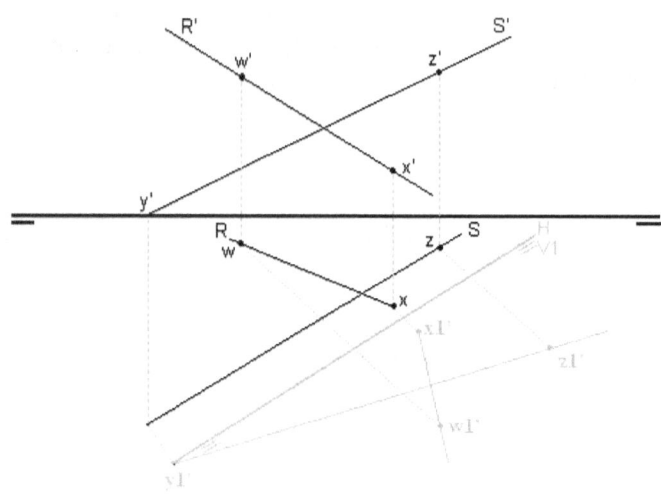

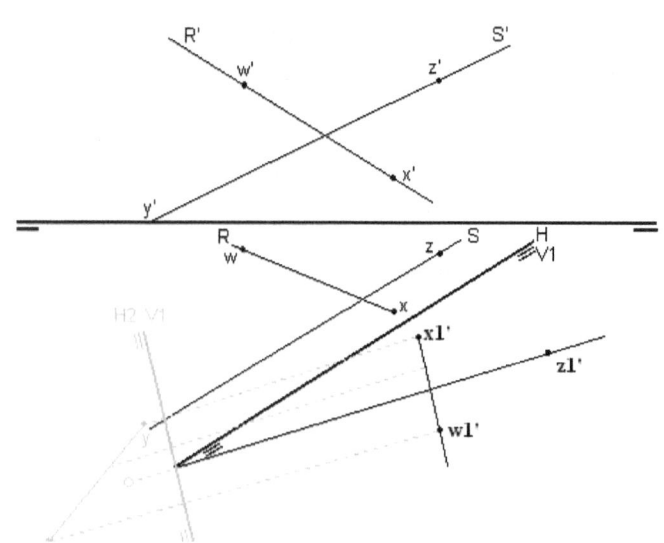

Sistema diédrico y acotado para aprobar

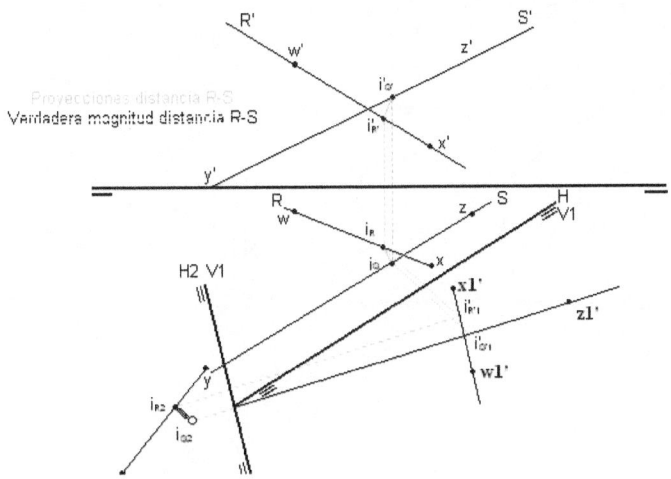

Nos fijamos al principio en una sola recta, por ejemplo en la recta S, y mediante cambios de plano, primero uno vertical para ponerla frontal, y después un cambio de plano horizontal para ponerla vertical, conseguimos tener una recta vertical, y la otra como quede, la distancia en verdadera magnitud entre las dos rectas, es la distancia entre la recta R en cualquier forma, y la recta S proyectada como un punto. Para obtener las proyecciones de la distancia solo hay que retroceder los puntos i de cada recta, por los dos cambios de planos, el punto i de la recta S, se pasa atrás del segundo al primer cambio de plano, por el teorema de las 3 perpendiculares.)

Otra forma por cambio de plano:

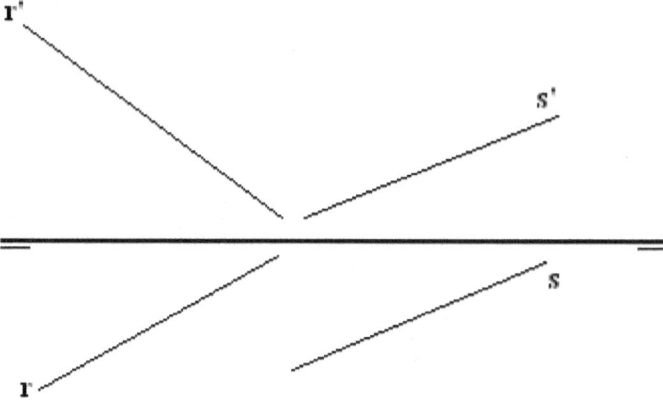

Por un punto cualquiera (A) de la recta (s) se hace un paralela a la recta (r), y por un punto cualquiera (B) de la recta (r) hacemos una paralela a la recta (s)

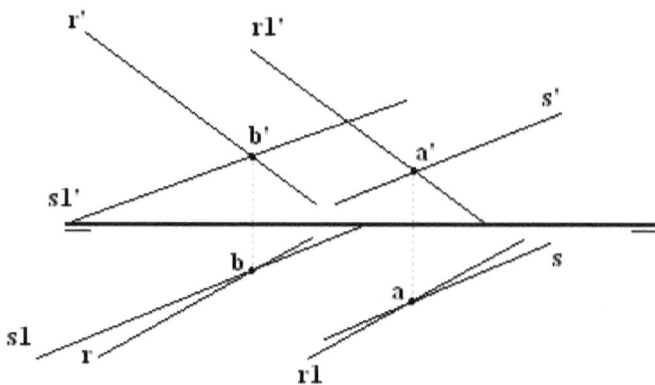

Nos sacamos las trazas de los planos que forman las dos rectas que se cortan, que ambos planos serán paralelos. Utilizamos las trazas de las rectas, para no liarse lo mejor es hacerlo primero con dos rectas y después con las otras dos.

Sistema diédrico y acotado para aprobar

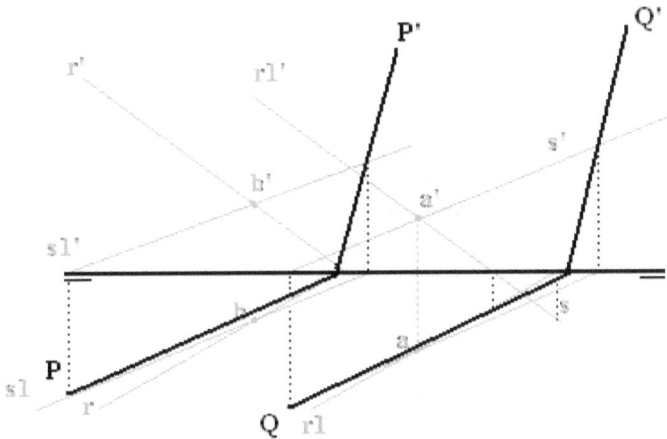

Una vez que tenemos las trazas de los dos planos, lo que hacemos es un cambio de plano, colocando la línea de tierra perpendicular a las trazas (en el dibujo a las trazas verticales), al hacer esto tenemos los planos en posición proyectante. Ahora hacemos una perpendicular por donde el plano está contenido en una recta (se ve como un folio de canto) y ese segmento es la mínima distancia entre las dos rectas que se cruzan.

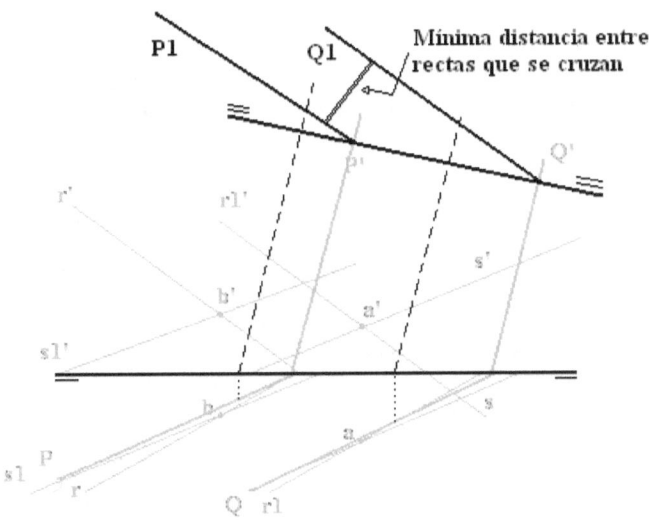

Mediante giros

Hay que girar una de las dos rectas, y hacerla vertical o de punta, entonces en la proyección donde se transforma en un punto, tenemos la verdadera magnitud de la distancia, en la recta perpendicular a la otra recta y que pasa por la proyección de la que hemos girado

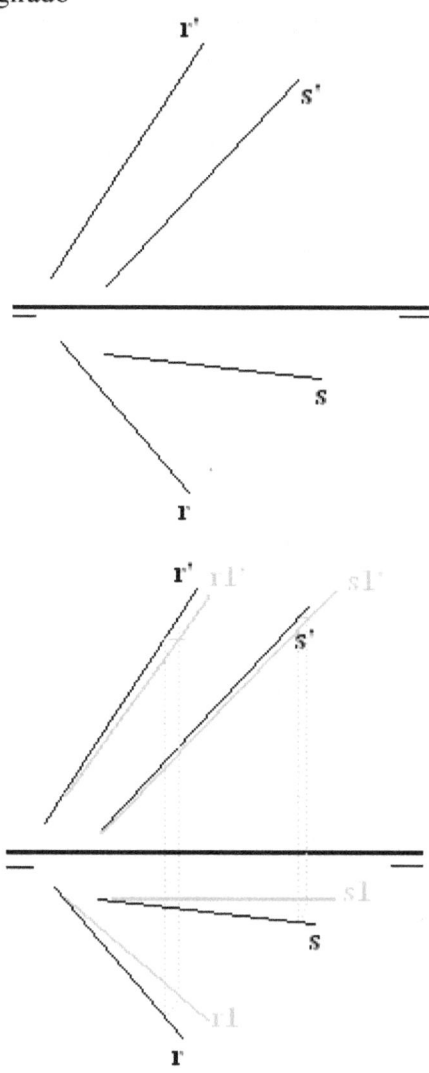

Sistema diédrico y acotado para aprobar

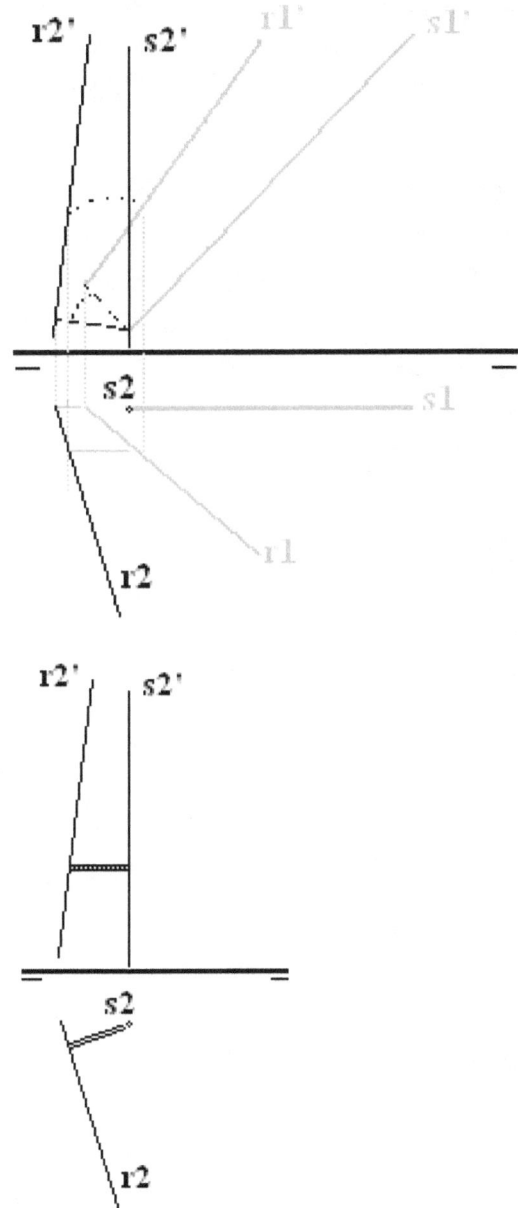

Distancia recta-plano
Por un punto cualquiera de la recta, hacemos la perpendicular al plano, se hace la intersección, (tienen que ser paralelos)

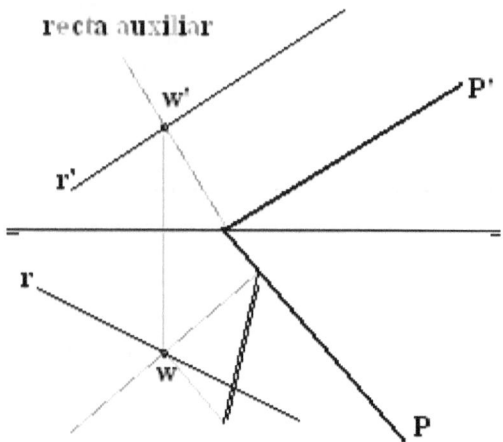

Primeramente escogemos un punto al azar de la recta r, y por ese punto hacemos una recta perpendicular al plano. En ambas proyecciones. Tal como tenemos esto, la recta perpendicular nos está dando la distancia entre la recta y el plano (porque se entiende que la recta y el plano para tener distancia de separación, tienen que ser paralelos). Para obtener la verdadera magnitud, en el dibujo, hemos cogido la diferencia de cota entre el punto que corta el plano y el punto que corta a la recta, lo llevamos a la proyección horizontal, y lo ponemos desde el punto W en perpendicular a la recta r, y uniendo ese extremo con el punto donde la recta r corta al plano, ya tenemos la distancia buscada.
Nota: Pensar que si la recta y el plano no son paralelos, la distancia es 0 porque se cortarán en algún punto

Sistema diédrico y acotado para aprobar

Distancia entre dos planos
Se hace una recta perpendicular a ambos planos, y se hacen las dos intersecciones

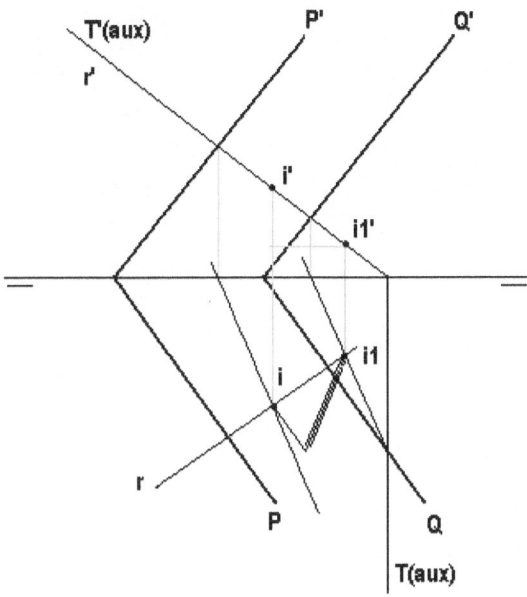

Hacemos la recta r, perpendicular a los dos planos, y después hacemos la intersección de esa recta con los dos planos. La intersección recta-plano se hace de la siguiente forma. Hacemos un plano auxiliar que contenga a la recta, y que sea proyectante. Donde se corta la traza proyectante del plano auxiliar y la traza del plano normal, llevamos el punto a la línea de tierra, y hacemos una línea que valla de ese punto, a donde se corten las otras dos trazas. Y donde esta línea corte a la proyección de la recta, ese es el punto intersección, después se lleva el punto a la otra proyección y ya esta. En este problema, hay que hacer la intersección dos veces.

Capítulo 2.10 Ángulos

Ángulos:
Ángulo es la abertura que forman dos elementos, y por ello podemos encontrarnos los siguientes casos:
- **Ángulo de dos rectas que se cortan**
Se abaten las rectas, y se ven los ángulos en el plano abatido

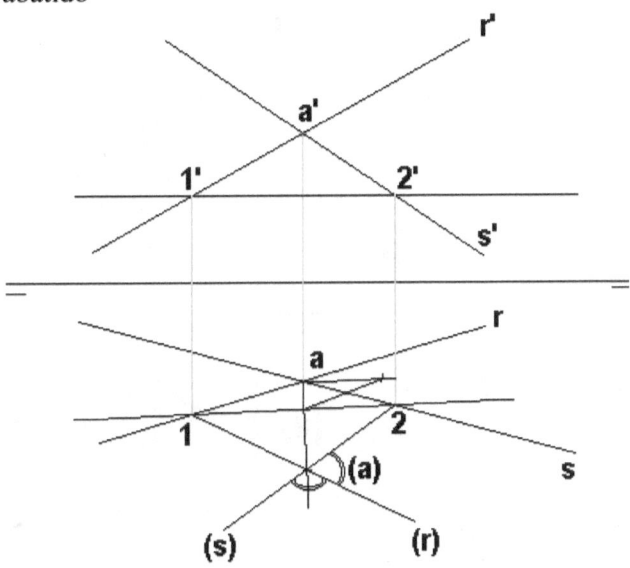

Se hace un plano horizontal {ejemplo} para hallar la dirección de la traza, después de tener la dirección de la traza se utiliza esa recta como charnela para abatir, y solo hace falta abatir un punto, ya que abatimos el punto (a) que es común las dos rectas, y uniendo a con 1 y 2 respectivamente, obtenemos las dos rectas abatidas, y vemos en verdadera magnitud el ángulo que forman, claro está que si no nos piden ninguno en concreto, sirve cualquiera de los dos ángulos que forman

- Ángulo de una recta con la línea de tierra

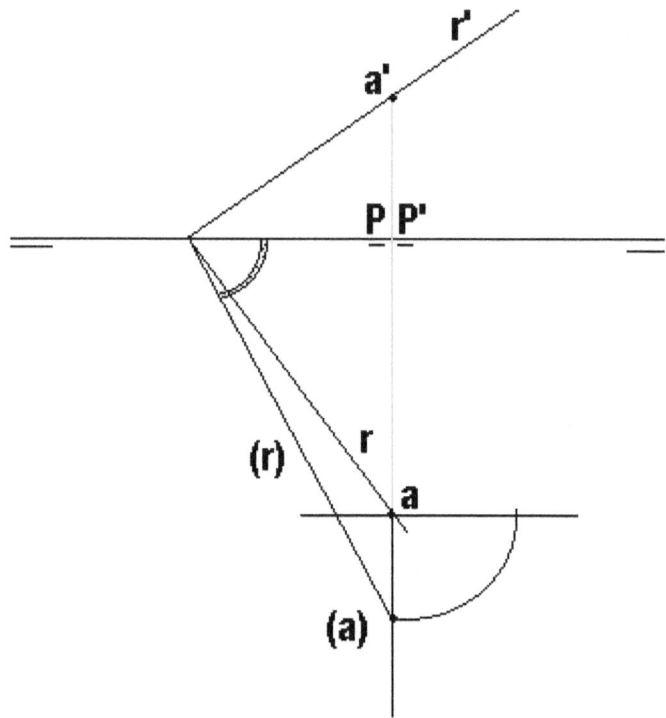

Lo haremos abatiendo y para abatir realmente abatimos el plano donde está la cosa. Por lo tanto mentemos la recta (r) en un plano, que tiene que pasar por la línea de tierra, por lo tanto estos planos quedan definidos por un punto perteneciente al plano, simplemente se abate el punto que pertenece al plano, y que nosotros lo hacemos coincidir también con la recta para que el plano contenga a la recta, y uniendo (a) abatida con la línea de tierra que es la charnela, obtenemos el plano abatido, y con ello la línea, y por lo tanto vemos en verdadera magnitud el ángulo

- Ángulo recta – plano de proyección

Es el ángulo que forma la recta con su proyección en dicho plano (en este caso con el plano horizontal de proyección)

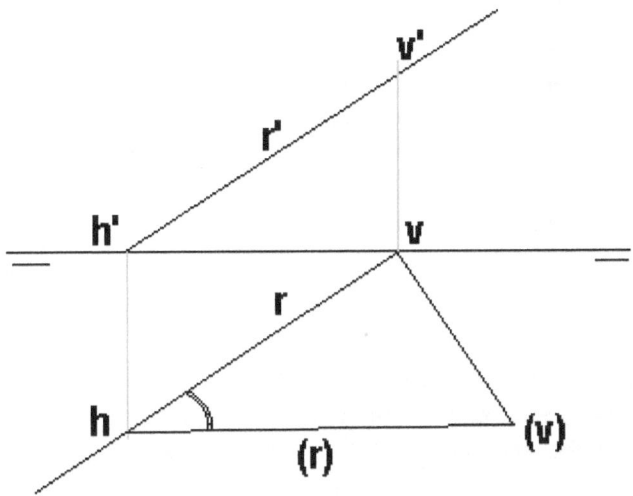

En este caso vamos a abatir la recta sobre el plano horizontal de proyección, por ello desde el punto v, en perpendicular a la proyección horizontal ponemos la cota, y uniendo ese nuevo punto con la proyección horizontal de h, tenemos la recta abatida, el ángulo que hay entre la proyección abatida y la horizontal, es el ángulo que forma la recta con el plano horizontal de proyección

*Con el plano vertical de proyección mismo sistema

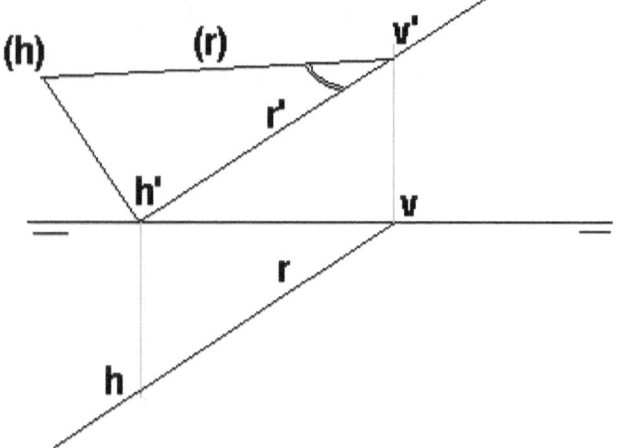

Cuando se trata de ángulos con los planos de proyección se puede obtener dichos ángulos de cualquier otro método, por ejemplo *por giros*

Se hace el eje {está puesto coincidiendo con v porque es más sencillo, pero se puede poner donde se quiera}, simplemente, es coger, y hacer la nueva dirección que queremos que tenga la recta (r), paralela a la línea de tierra, que por coger así el eje coincide con la línea de tierra, se lleva el punto h a la posición h2 manteniendo la cota de h', y desde h2 se hace la línea que pasa por v', y el ángulo que forme esa línea con la de tierra es el ángulo en verdadera magnitud, mismo razonamiento para hallar el ángulo con el vertical

Sistema diédrico y acotado para aprobar

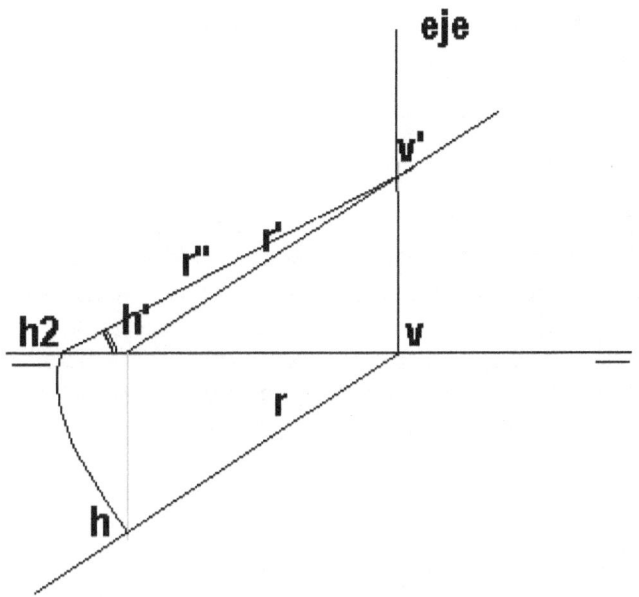

Por cambio de plano

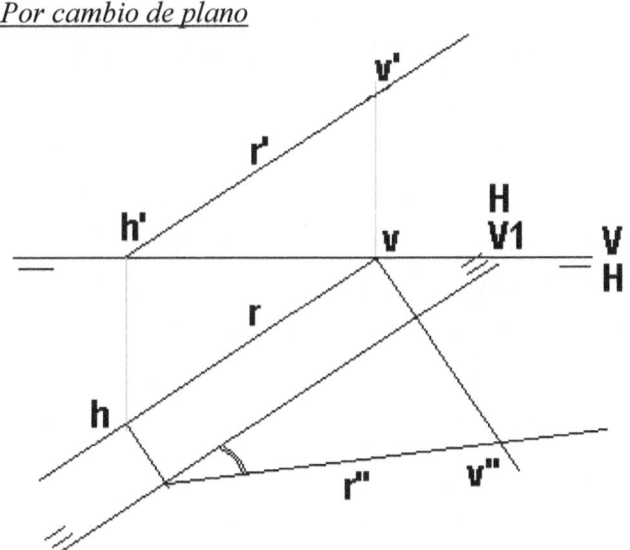

Se hace la nueva línea de tierra paralela a la proyección horizontal, se pasa la proyección v', y ya tenemos la recta convertida en una frontal, y por lo tanto el ángulo se ve directamente, por el mismo razonamiento se saca el ángulo correspondiente al plano vertical

- Método general, si no tenemos las trazas de la recta
Siempre se puede coger dos puntos cualquiera de la recta, y medir el ángulo que forma con otro plano puesto por nosotros paralelos a los de proyección, por lo tanto podemos resolver el problema por los métodos anteriores referidos a los dos puntos que hemos elegido y al plano puesto por nosotros, en lugar de trabajar con las trazas y el plano de proyección

- **Angulo Recta – plano cualquiera**
Se hace una perpendicular al plano por un punto (a) cualquiera de la recta, y simplemente se busca el ángulo entre las dos rectas, ya que el ángulo que vamos a obtener por este método es el complementario, conviene especificar que nosotros buscamos el otro. Y lo expresaremos como $90° - \beta = \alpha$ (siendo α el ángulo buscado) (área rayada, ángulo α, línea roja ángulo β)

Sistema diédrico y acotado para aprobar

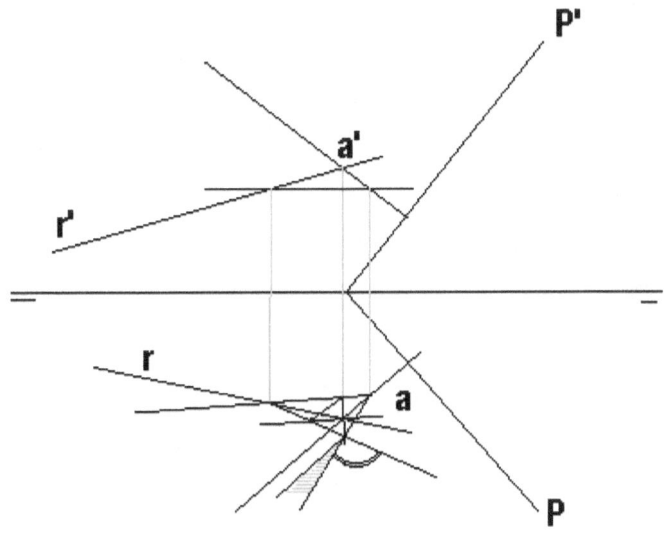

- Ángulo plano cualquiera – línea de tierra

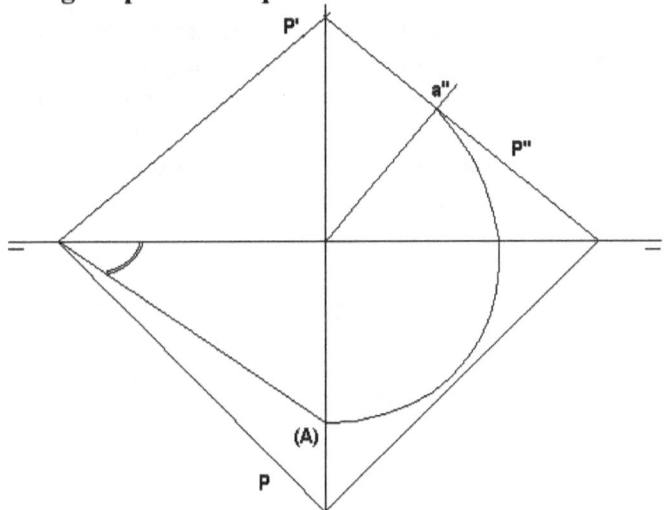

Sacamos una tercera proyección de perfil, que se hace, haciendo el plano como una línea vertical. Ahora las proyecciones del plano horizontal, se llevan en horizontal hasta el plano, y para sacarlo en el perfil, cogemos la distancia desde ese punto al centro de la cruz, y o bien con el compás haciendo un arco, o haciendo una recta a 45° llevamos esos puntos la línea horizontal (que representa el plano horizontal en proyección de perfil). Las proyecciones verticales, las movemos solo en horizontal hasta el otro lado del plano de perfil, y la tercera proyección quedará definida, por donde se junte la vertical y esta horizontal del mismo punto (el punto a se ha colocado así). Volviendo al tema, cuando ya tenemos el plano en el perfil, hacemos una recta perpendicular al plano que valla desde el plano a la línea de tierra. Abatimos el punto A, lo llevamos a la vista normal. Y el ángulo que forme, esa recta del punto A abatido con la línea de tierra es el ángulo del plano con la línea de tierra.

- Ángulo de un plano cualquiera con un plano de proyección

El ángulo que forma un plano cualquiera con el plano horizontal de proyección, es el mismo ángulo que forma la recta de máxima pendiente del plano, con el plano horizontal de proyección, {una recta de máxima pendiente tiene la proyección horizontal perpendicular a la traza horizontal}

Sistema diédrico y acotado para aprobar

Por abatimiento

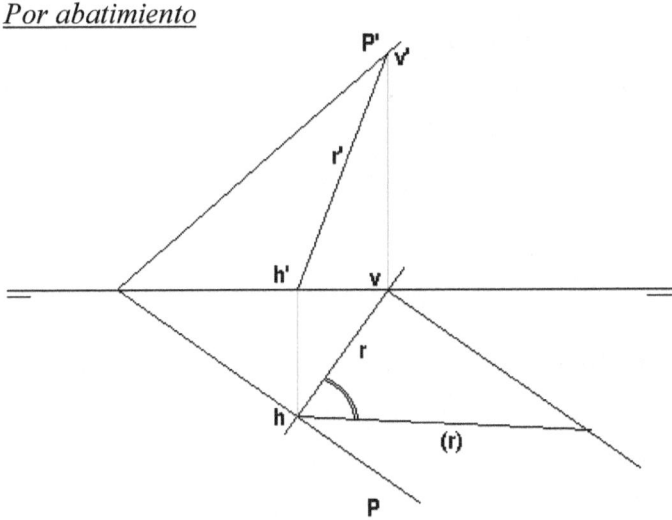

(Hacemos la recta de máxima pendiente, después abatimos la recta de máxima pendiente (r) y en ángulo que forma la recta abatida con su propia proyección horizontal, es el ángulo que forma un plano con otro)

Por cambio de plano

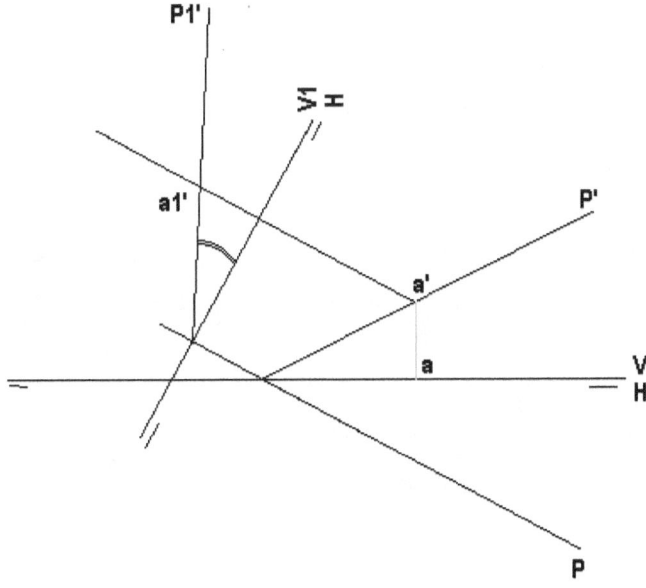

Por cambio de plano lo que se busca es convertir el plano cualquiera en proyectante, en este caso vertical, para obtener el ángulo que el plano horizontal en verdadera magnitud, se hace la nueva línea de tierra perpendicular a la traza horizontal del plano, y después se cambia un punto de la traza vertical, y uniendo, ya tenemos el plano proyectante, y por tanto el ángulo en verdadera magnitud

Por giro

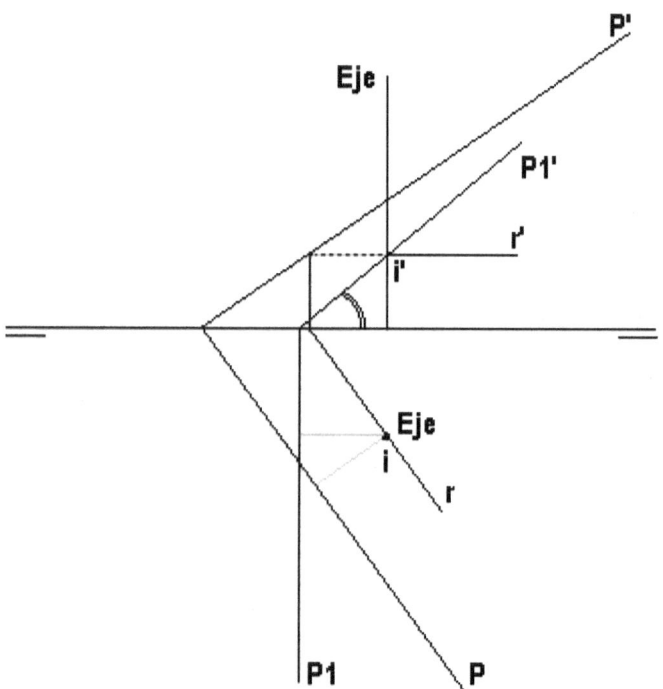

Por giros lo que hacemos es girar el plano hasta ponerlo proyectante. Al poner el eje vertical, lo que tenemos que hacer es una línea horizontal contenida en el plano, y que corte al eje, desde ese punto hacemos una recta al plano, y con esta recta, nos ayudamos para poner el plano cualquiera proyectante. Primero

Sistema diédrico y acotado para aprobar

pasamos la traza donde giran las cosas, y la ponemos perpendicular a la línea de tierra, y la otra traza solo es hacer una recta desde donde corta la traza a la línea de tierra, y hasta el punto donde la recta horizontal del plano corta al eje. Y ángulo que forma esa proyección con la línea de tierra será el ángulo entre el plano y el plano de proyección. Con este ejemplo tenemos el ángulo entre el plano cualquiera y el horizontal, pero para saber el ángulo con vertical, solo tenemos que ponerlo proyectante de la otra forma (la proyección vertical de plano, perpendicular a la línea de tierra)

*Ángulo de plano cualquiera con el plano vertical de proyección
Se hace igual que con el horizontal pero refiriéndose al vertical

Ejemplo por abatimiento

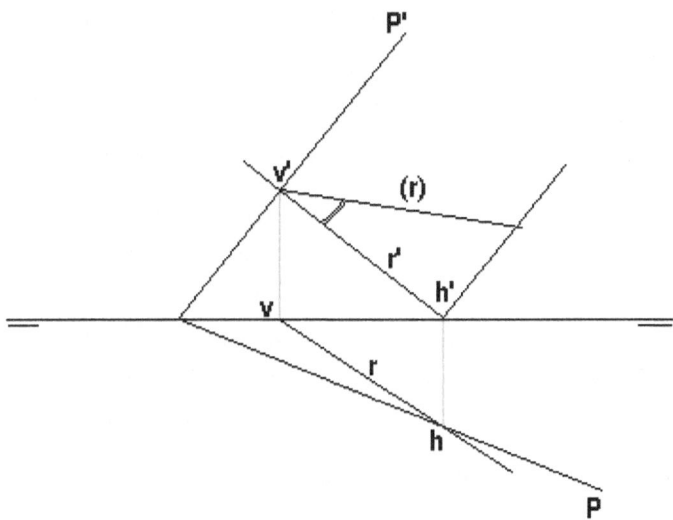

En este caso se utiliza la recta de máxima inclinación, que es correspondiente a la de máxima pendiente, por lo demás se hace igual

- **Ángulo entre dos planos cualesquiera**
Por abatimiento

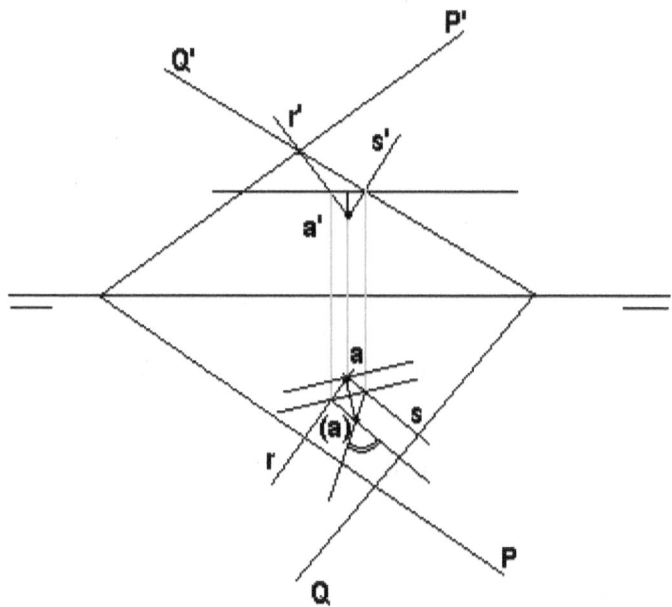

Se hacen dos rectas perpendiculares una a cada plano, y que estas se corten en un punto cualquiera del espacio, y el ejercicio se resuelve por el mismo procedimiento del de averiguar el ángulo formado por dos rectas que se cortan

Por giros

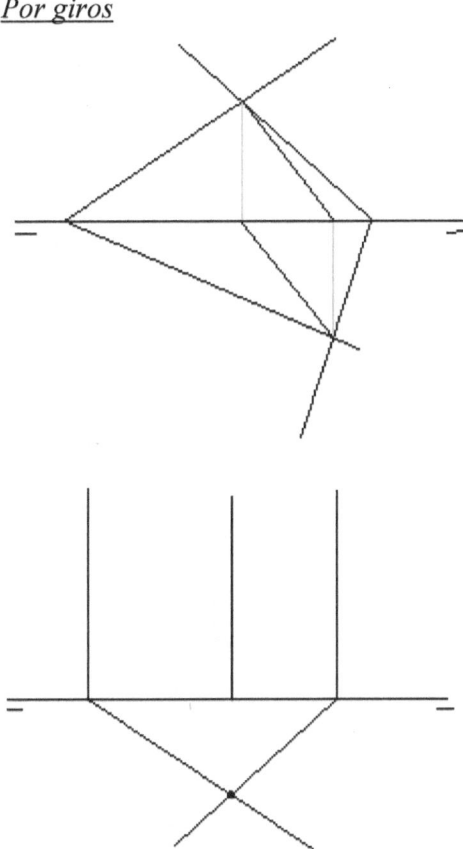

Por giros se reduce a hallar la intersección de dos planos, y hacer que esa recta intersección quede como una recta frontal o de punta, por lo que así se verá en verdadera magnitud el ángulo entre los dos planos que la forman. Por cambio de plano se reduce al mismo tema, conseguir la recta intersección en posición de punta o frontal. Por lo general estos dos métodos son muy enredosos, por ello es aconsejable hacerlo siempre por el método de abatimiento.

Capítulo 2.11 Poliedros regulares

Los poliedros regulares son cuerpos geométricos tridimensionales, que están formados por polígonos regulares. Solo hay 5 poliedros regulares, y son: el Tetraedro, el Hexaedro, el Octaedro, el Dodecaedro y el Icosaedro.
Los más sencillos y usuales son el Tetraedro, el Hexaedro, y el Octaedro
Para sus representaciones, aplicaremos que son sólidos, y semi-opacos, por lo que las líneas que queden por detrás del cuerpo, las haremos en discontinua.

El tetraedro
Es el que se parece a una pirámide de base triangular
Lo más importante o las cosas que hay que saber para poder dibujarlos son:
- Está formado por triángulos equiláteros
- El centro de gravedad del tetraedro está a un cuarto de la altura del tetraedro medido desde la base (la cara) y coincide con el punto medio de la distancia mínima entre aristas opuestas
- Las aristas opuestas se cruzan formando 90 grados entre ellas (las que no se juntan en un punto, las no concurrentes)

En todos los poliedros se puede hacer un corte (una sección) en la cual coincidan la mayoría de las partes del poliedro (aristas, alturas, mínimas distancias, diagonales, etc...)
A ese corte, se le llama sección principal, y en el tetraedro se pueden hacer hasta 6.

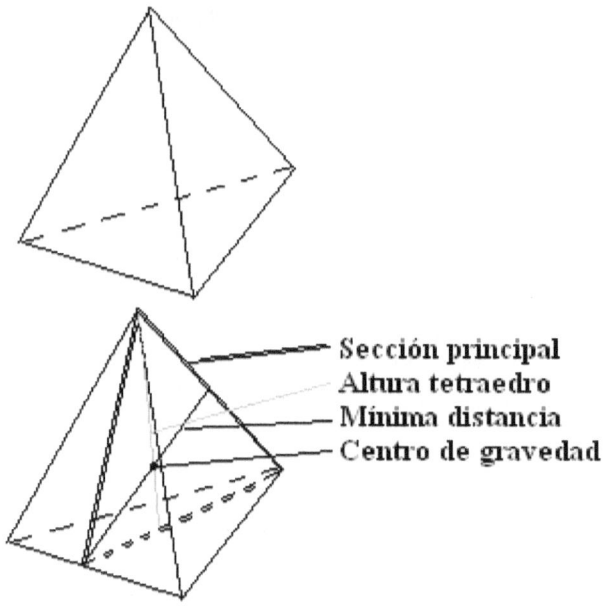

Las partes del tetraedro importantes para poder construirlo es la arista, la altura de cara, la altura del tetraedro, y la distancia mínima entre aristas opuestas y que no se cortan (o no concurrentes). Y a partir de tener solo una de estas partes se pueden obtener todas las demás con la sección principal, que dibujada en un plano es así. Y conozcamos lo que conozcamos podemos sacar todas, ya que hacemos la sección y después por semejanza de triángulos se hace la sección principal que necesitamos.

Sistema diédrico y acotado para aprobar

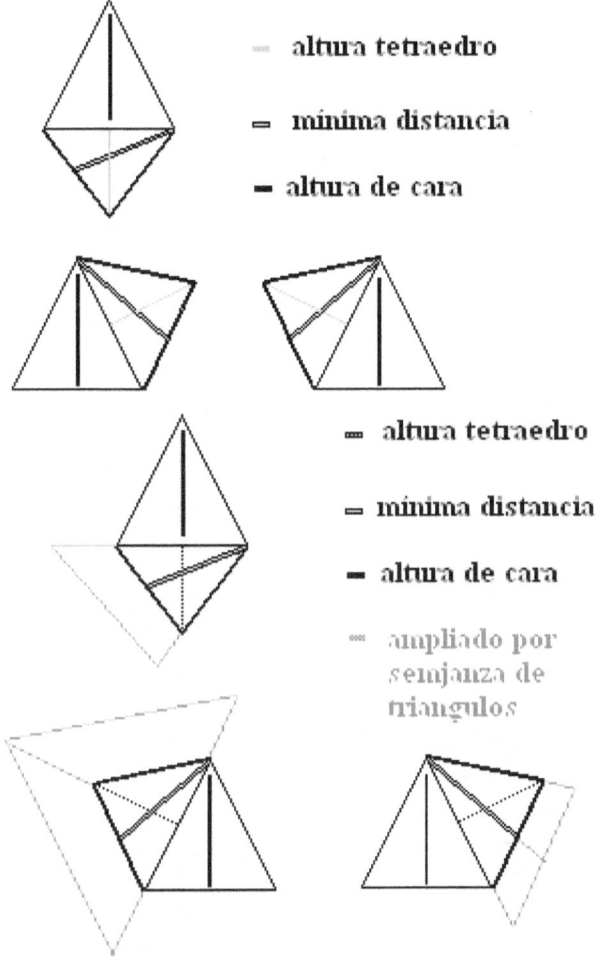

— altura tetraedro

— mínima distancia

— altura de cara

— altura tetraedro

— mínima distancia

— altura de cara

— ampliado por semjanza de triangulos

La parte que construimos con la altura de cara se puede montar desde cualquier arista.
Y la reconstrucción por semejanzas de triángulos se puede hacer en cualquier tipo, y de cualquier elemento. Hacemos una sección principal tipo, y después poner el dato que conocemos, y a partir de eso reconstruir el resto de la sección principal.

Las posiciones tipo del tetraedro son, con una cara horizontal o con dos aristas horizontales

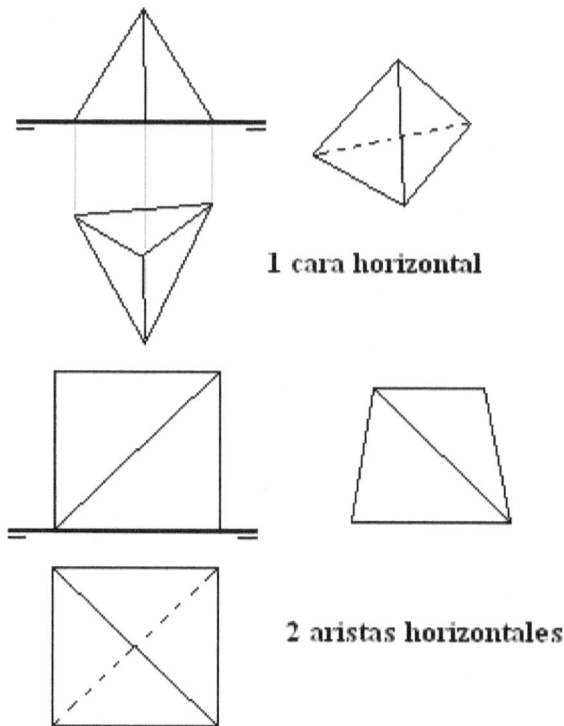

Dentro estas posiciones tipos se le pueden hacer varios cortes que producen secciones especialmente interesantes.

Con una cara horizontal, las secciones perpendiculares a la altura son triángulos equiláteros, y según a que altura corte se producen triángulos distintos, si contiene al centro de gravedad el lado del triangulo es de ¾ de arista, y si contiene al punto medio de la altura, el lado del triangulo será la mitad de la arista.

Sistema diédrico y acotado para aprobar

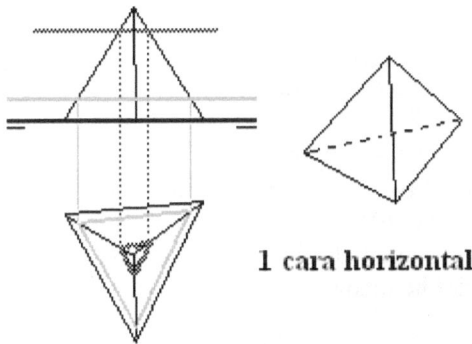

1 cara horizontal

Con 2 aristas horizontales, las secciones perpendiculares a la mínima distancia entre aristas no concurrentes, (planos horizontales), las secciones que se producen son rectángulos, y dependiendo de la altura a la que este el plano se producirán distintos rectángulos, todos los rectángulos cumplen que el lado mayor más el lado menor es igual a la arista del tetraedro. Y el plano está en el punto medio de la altura, el rectángulo que se produce es un cuadrado.

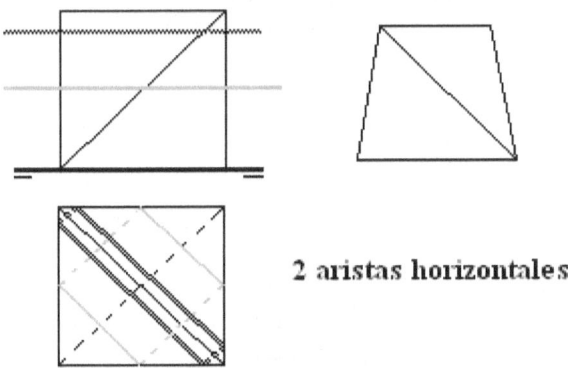

2 aristas horizontales

Hexaedro

Es el cubo

Lo más importante o las cosas que hay que saber para poder dibujarlos son:
- Está formado por cuadrados
- Todas las aristas o son paralelas entre ellas, o se cruzan formando 90°
- El centro de gravedad está en el punto medio de la diagonal del hexaedro

El Hexaedro tiene 6 secciones principales

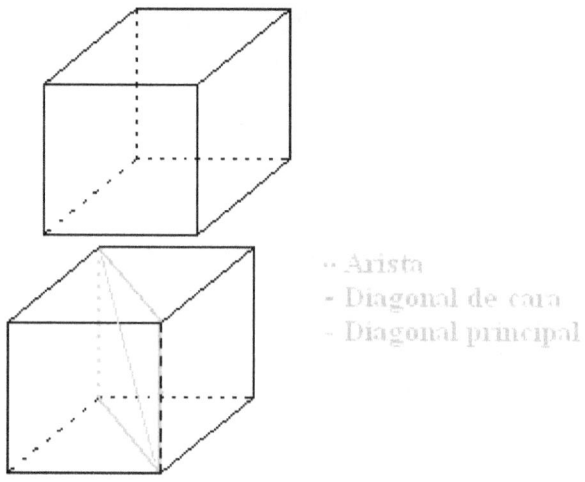

- Arista
- Diagonal de cara
- Diagonal principal

Las partes del hexaedro importantes para poder construirlo son la arista, la diagonal de cara, y la diagonal principal. Y a partir de tener solo una de estas partes se pueden obtener todas las demás con la sección principal, que dibujada en un plano es así. Y conozcamos lo que conozcamos podemos sacar todas, ya que hacemos la sección y después por semejanza de triángulos se hace la sección principal que necesitamos.

Sistema diédrico y acotado para aprobar

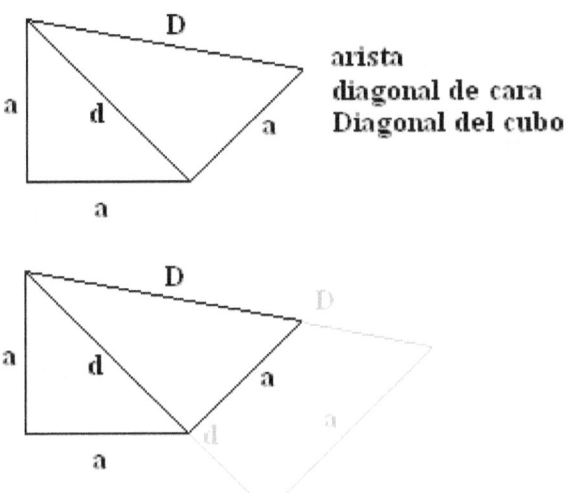

arista
diagonal de cara
Diagonal del cubo

Las posiciones tipo de un Hexaedro o cubo son: apoyado sobre una cara, apoyado sobre una arista con la diagonal de cara vertical, o apoyado sobre un vértice con la diagonal principal vertical

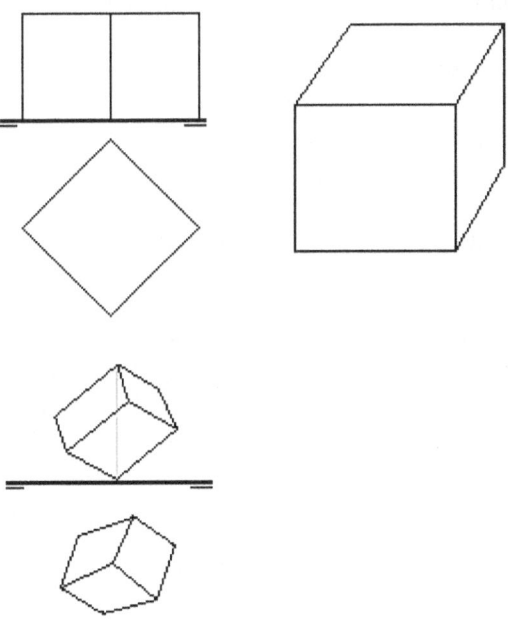

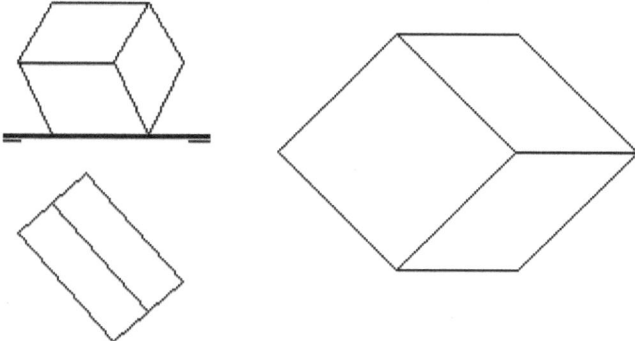

Dentro de estas posiciones tipos, las secciones que tienen un especial interés son:
Apoyado sobre un vértice con la diagonal principal vertical, si se hacen planos horizontales, según a que altura sale triángulos o hexágonos.
Si los planos se encuentran en el tercio central de la diagonal principal lo que se forman son hexágonos, y concretamente por el punto medio de la diagonal principal, se forma un hexágono regular, que corta a los lados en el punto medio de estos. Aquí también se cumple que la suma de dos lados del hexágono (un mayor más uno menor) el resultado es la arista del cubo.
Si los planos están en los tercios extremos de la diagonal principal lo que se producen son triángulos equiláteros. Si pasa por el punto 1/3 de la diagonal principal, el triangulo tendrá como lado la diagonal de cara, y además los vértices serán 3 vértices del cubo. Si pasa por el punto medio del tercio de la diagonal principal, el triangulo que sale tiene como lado, la mitad de la diagonal de cara. Otro detalle importante, es que todos los triángulos de un mismo tercio están en la misma posición, y en el otro tercio, están girados 180°.

Sistema diédrico y acotado para aprobar

Octaedro
Es el que parece dos pirámides unidas por las bases
Lo más importante o las cosas que hay que saber para poder dibujarlos son:
- Las caras opuestas respecto al centro del octaedro, son paralelas
- Las aristas opuestas respecto al centro del octaedro, son paralelas
- La distancia entre vértices opuestos (diagonal) respecto al centro del octaedro, es la misma para todos
- El centro del octaedro está en el punto medio de la diagonal

El Octaedro tiene 2 secciones principales

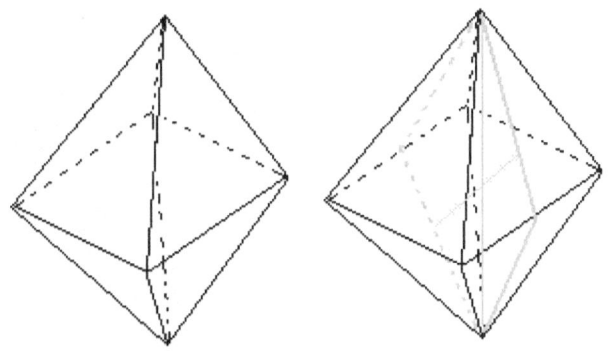

- Altura de cara
- Diagonal del octaedro
- Distancia entre caras paralelas
- Arista
(se obtiene en de forma indirecta)

Las partes del Octaedro importantes para poder construirlo son la arista, la altura de cara, la diagonal del octaedro y la distancia entre caras paralelas. Y a partir de tener solo una de estas partes se pueden obtener todas las demás con la sección principal, que dibujada en un plano es así. Y conozcamos lo que conozcamos podemos sacar todas, ya que hacemos la sección y después por afinidad se hace la sección principal que necesitamos.

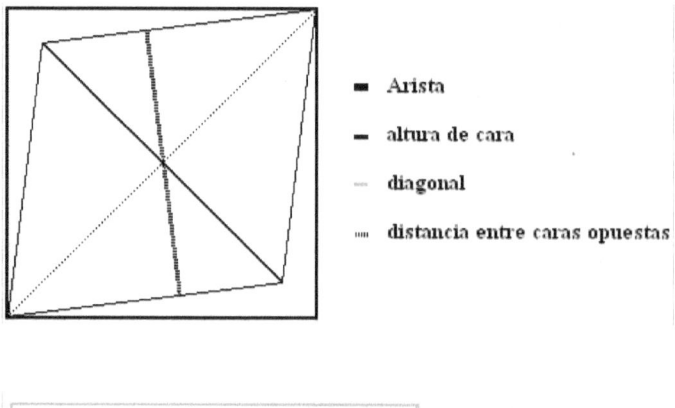

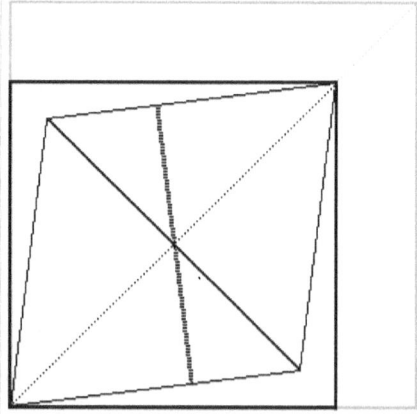

Por semejanza de triángulos si conocemos la diagonal del octaedro

Sistema diédrico y acotado para aprobar

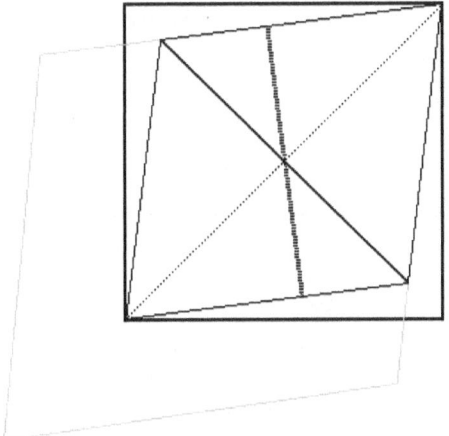

Por semejanza de triángulos si conocemos la altura de cara

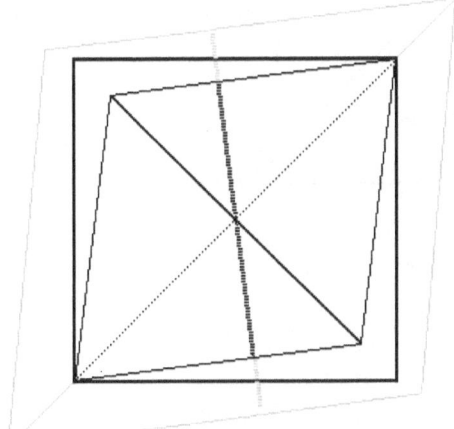

Por semejanza de triángulos si conocemos la distancia entre caras opuestas

Las posiciones tipo de un octaedro son: apoyado sobre una cara, apoyado sobre un vértice con la diagonal vertical y apoyado sobre una arista con la diagonal horizontal.

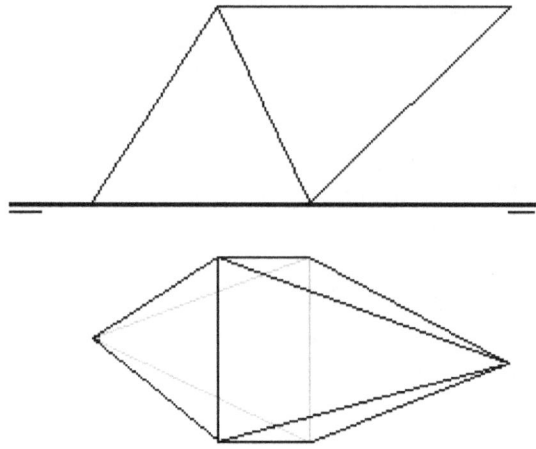

Apoyado sobre una cara

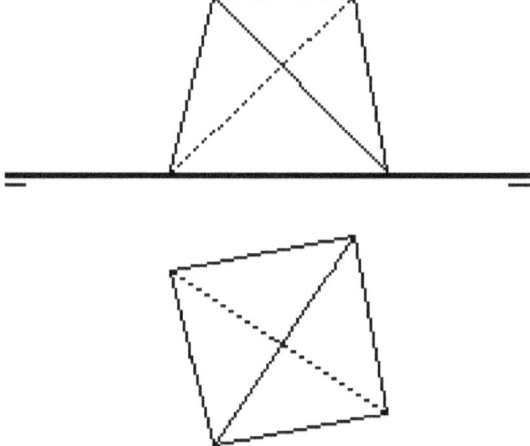

Apoyado sobre una arista

Sistema diédrico y acotado para aprobar

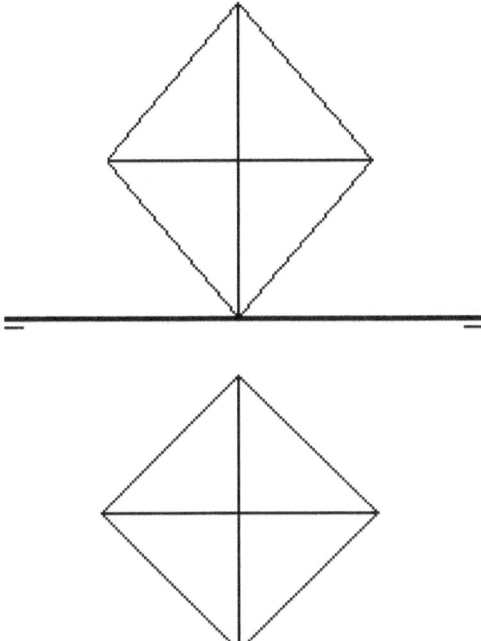

Apoyado sobre un vértice con la diagonal vertical

Para todos los poliedros regulares, hay cosas que son igual, como es, la intersección plana que le produce un plano cualquiera, los ejemplos los vamos a hacer con un tetraedro porque es más sencillo, pero para todos los poliedros se hace igual.

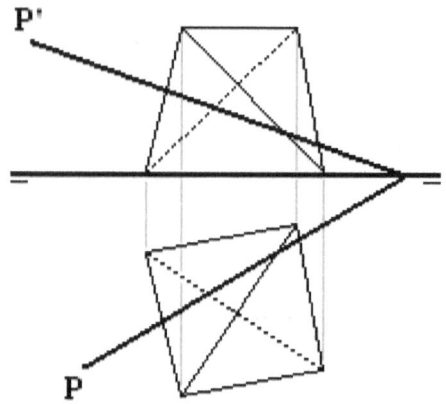

Dibujo 1

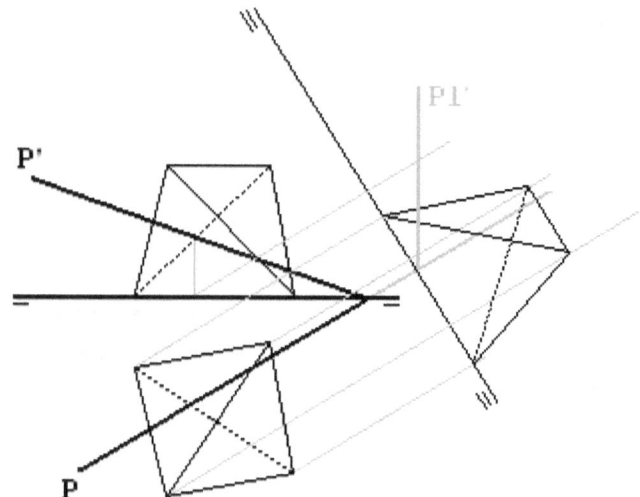

Dibujo 2

Sistema diédrico y acotado para aprobar

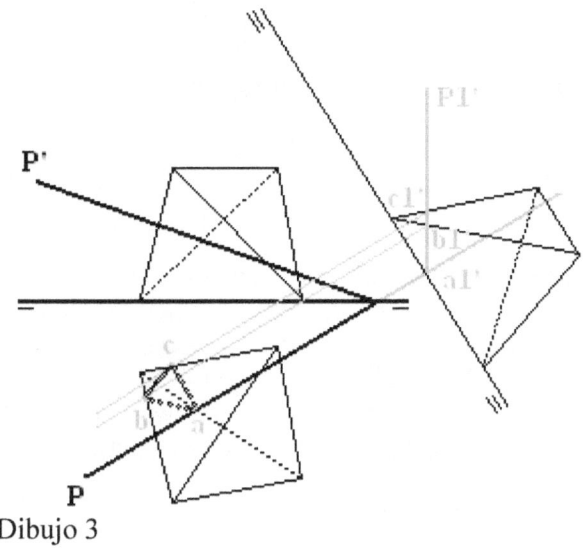
Dibujo 3

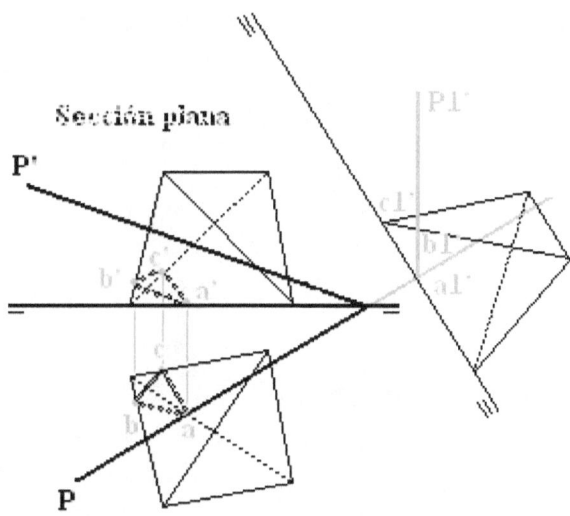
Dibujo 4

Primero hacemos un cambio de plano, para tener el plano cualquiera proyectante, (Dibujo 2) lo siguiente que hacemos es pasar los puntos de corte, a la otra vista, (Dibujo 3) por ser un plano proyectante es

sencillo ya que donde corte la traza del plano a las rectas, esos puntos son cortes, cuando tengamos esos puntos en la primera proyección es conveniente unirlos, y después pasar los puntos a la proyección que nos falta, fijándonos en que arista está el punto.
(Dibujo 4)

Para hacer la intersección entre un poliedro y una recta, hay que seguir los siguientes pasos, al igual que el anterior, por su simpleza utilizaré el tetraedro, pero para el resto de poliedros hay que hacer lo mismo.

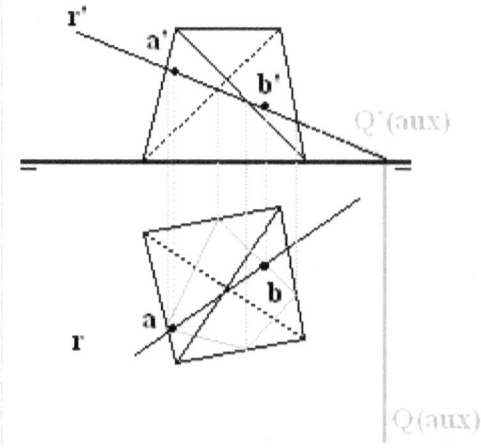

Si queremos saber la intersección entre un tetraedro y una recta, lo que tenemos que hacer es meter a la recta en un plano proyectante (Q aux), y hacer la intersección de ese plano con el tetraedro, y si la sección producida, corta a la proyección de la recta, donde se cortan es el punto intersección entre la recta y el tetraedro (puntos A y B).
En todos los poliedros se puede hacer el plano auxiliar como en este caso, o cogiendo la otra proyección de la recta. Como veremos más adelante según la posición que tenga la recta y la sección plana, se pueden dar tres casos

Sistema diédrico y acotado para aprobar

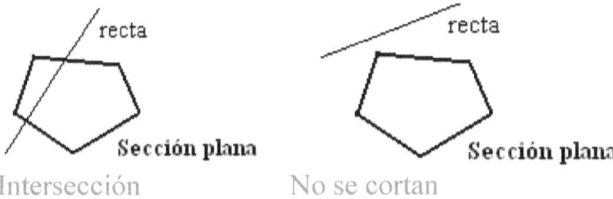

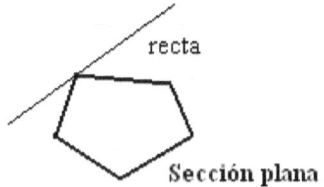

Del apartado anterior, ya podemos intuir, que para saber si un punto pertenece a la superficie del poliedro, basta con que ese punto se pueda meter en una recta que esté contenida en la cara del poliedro

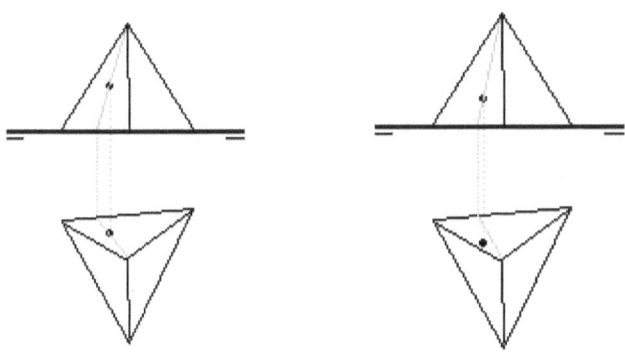

Capítulo 2.12 Cuerpos geométricos

Los cuerpos geométricos son volúmenes tridimensionales, aquí vamos a ver los más usuales y populares.

El Prisma
Es el volumen compuesto por 2 bases (que son dos polígonos cerrados, paralelos separados una altura). Y se pueden dar 3 casos.

Prisma oblicuo: Si las dos bases, no están en la misma vertical

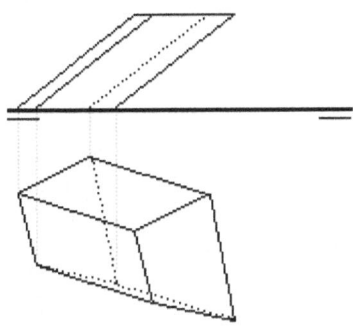

Prisma recto: Cuando las dos bases están en la misma vertical

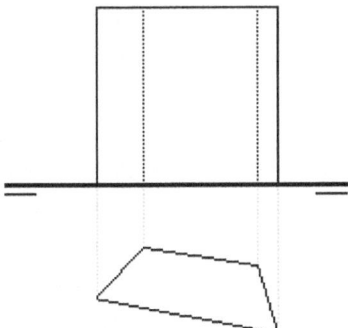

Prisma regular recto: cuando las dos bases están en la misma vertical, y además son polígonos regulares.

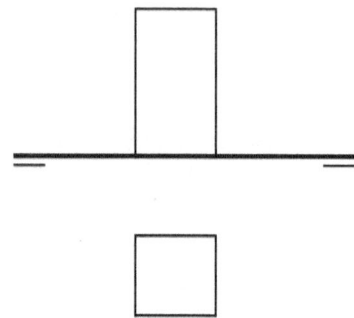

La pirámide
Es el volumen compuesto por 1 base, y desde la cual todas las aristas que le dan altura al cuerpo, se cortan en el mismo punto, el vértice. En este cuerpo geométrico también pueden darse 3 casos.

Pirámide oblicua: es cuando la perpendicular a la base desde su centro no pasa por el vértice

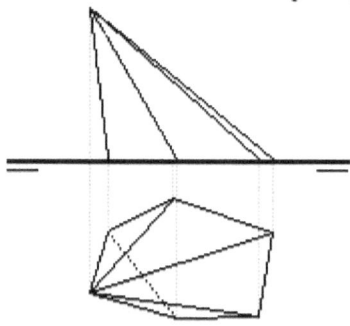

Pirámide recta: es cuando la perpendicular a la base desde su centro contiene al vértice

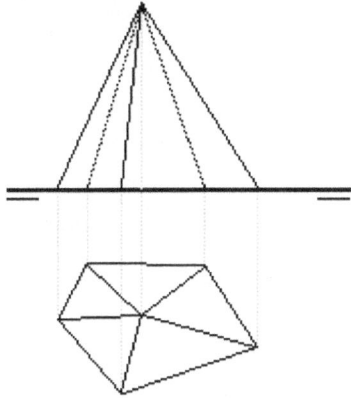

Pirámide regular recta: es cuando la perpendicular a la base desde su centro contiene al vértice y además la base es un polígono regular

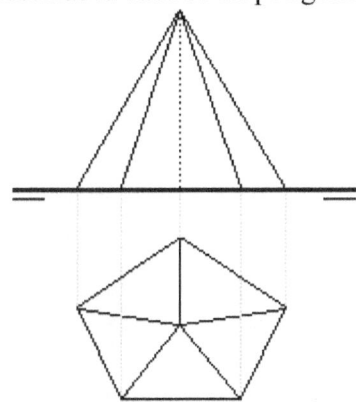

El cilindro

Es el volumen compuesto por 2 bases, que son circunferencias, por lo tanto se puede entender que es como un prisma que lo forman infinitas caras, o solo una.

Se pueden dar varios tipos de cilindros

Cilindro oblicuo: Es cuando las bases no son perpendiculares al eje del cilindro

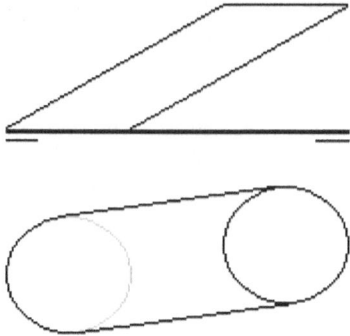

Cilindro recto: Es cuando las bases son perpendiculares al eje del cilindro

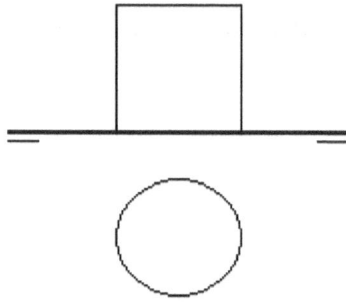

Cilindro de revolución: Es cuando al seccionar un cilindro perpendicular al eje, su sección es una circunferencia, independientemente de si es recto u oblicuo.

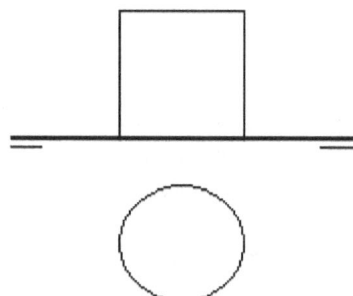

Sistema diédrico y acotado para aprobar

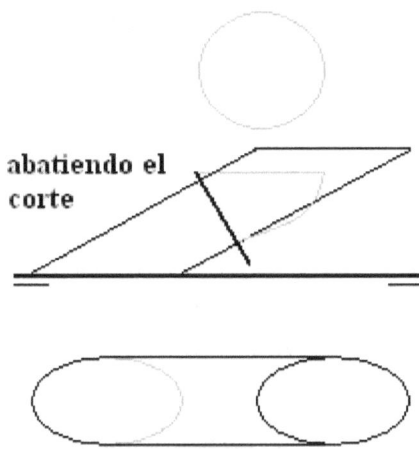

Cilindro de no revolución: Es cuando al seccionar un cilindro perpendicular al eje, su sección no es una circunferencia, en este caso solo se puede dar el oblicuo.

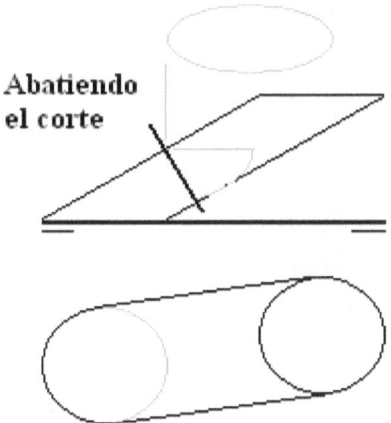

El Cono
Es un cuerpo geométrico, parecido a la pirámide, tiene una base circular, y un vértice. Por lo tanto se puede entender como una pirámide de infinitos lados, o de un solo lado.
Los tipos de conos que puede haber son:

Cono oblicuo: Es cuando la perpendicular a la base por su centro no contiene al vértice

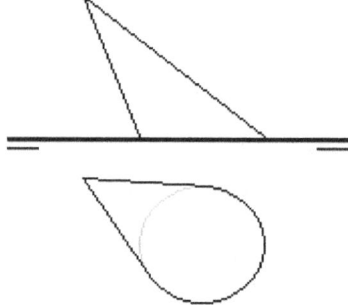

Cono recto: Es cuando la perpendicular a la base por su centro contiene al vértice.

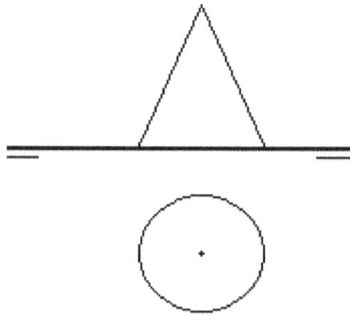

Cono de revolución: Es cuando el corte perpendicular al eje forma una circunferencia

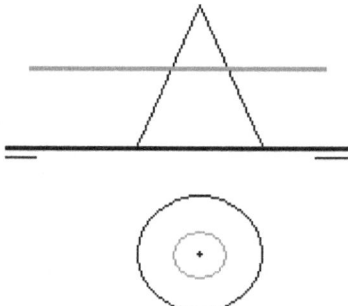

Cono de no revolución: Es cuando el corte perpendicular al eje no forma una circunferencia

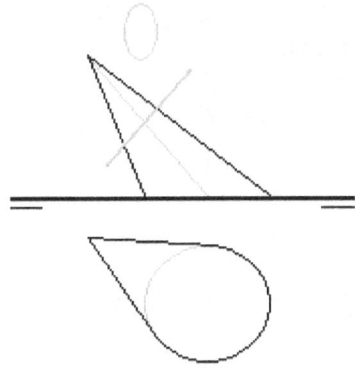

La esfera
Es un cuerpo geométrico un tanto peculiar, por eso lo definiremos como un lugar geométrico. Es el lugar geométrico de todos los puntos que equidistan una distancia fija (radio) de un concreto del espacio (el centro).

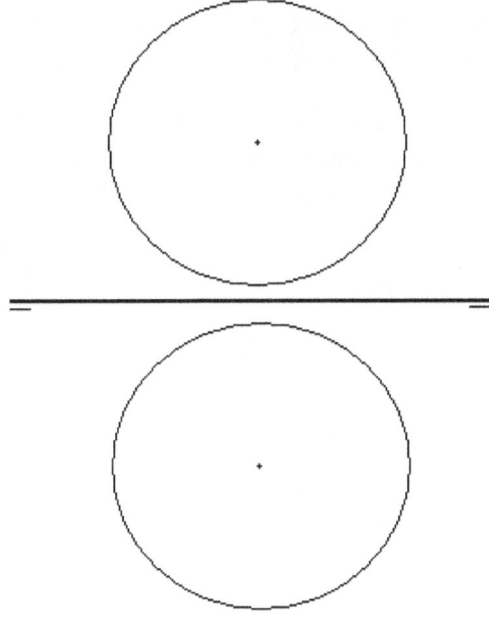

Para colocar un punto sobre un cuerpo geométrico, basta con colocarlo sobre una recta que pertenezca a la superficie del cuerpo geométrico.

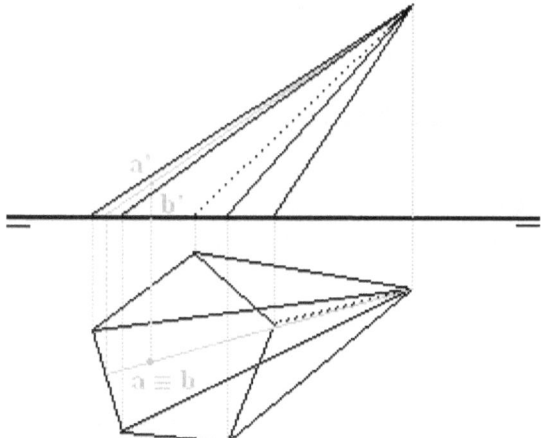

Hay que tener en cuenta que puede pueden darse dos casos de puntos en la superpie. En el caso dibujado, un punto está en la base y el otro en la cara superior. Para obtener el punto de la cara lateral, lo que hacemos es hacer una línea que esté contenida en la cara. Y después pasamos la proyección del punto a la recta.

Sección plana de un cuerpo geométrico
En todos los cuerpos geométricos se hace igual. Siempre es una sección producida por un plano cualquiera

Sistema diédrico y acotado para aprobar

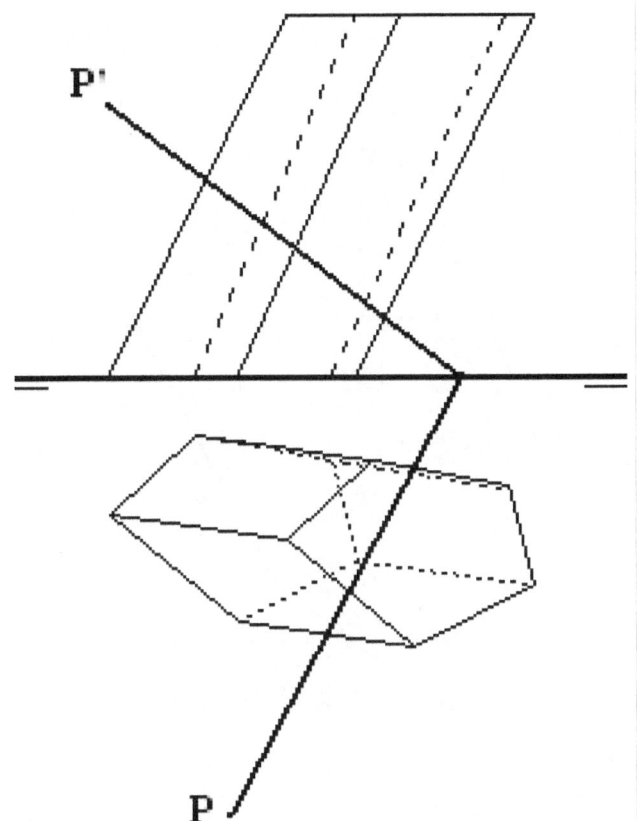

Figura 1

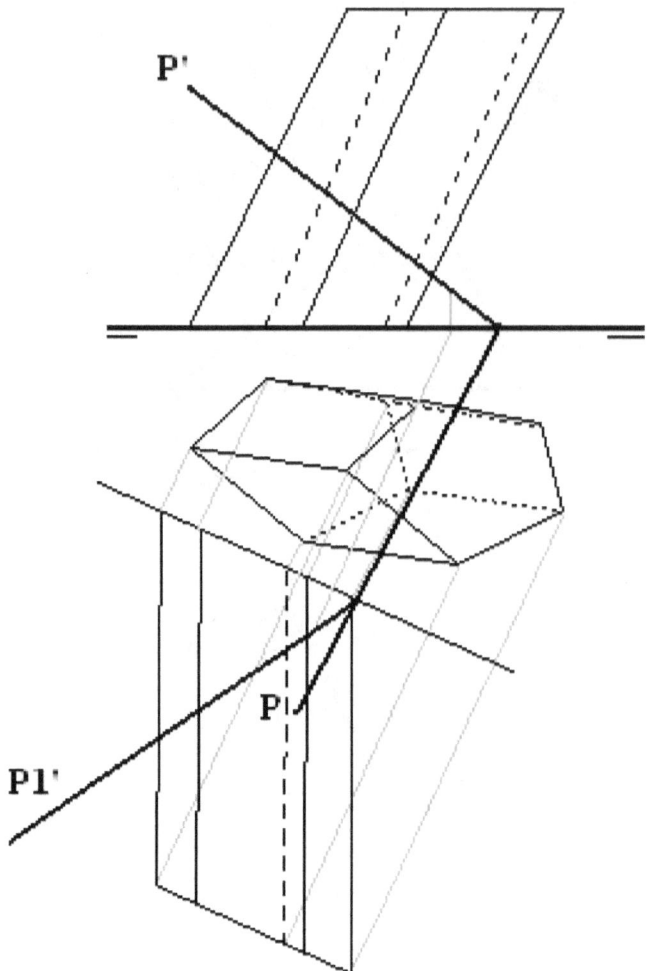

Figura 2

Sistema diédrico y acotado para aprobar

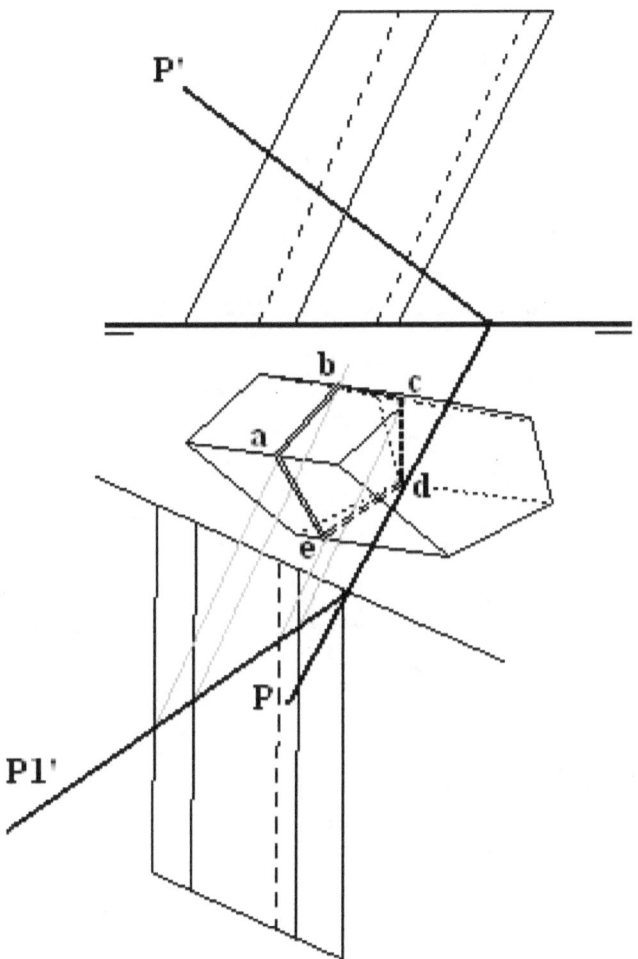

Figura 3

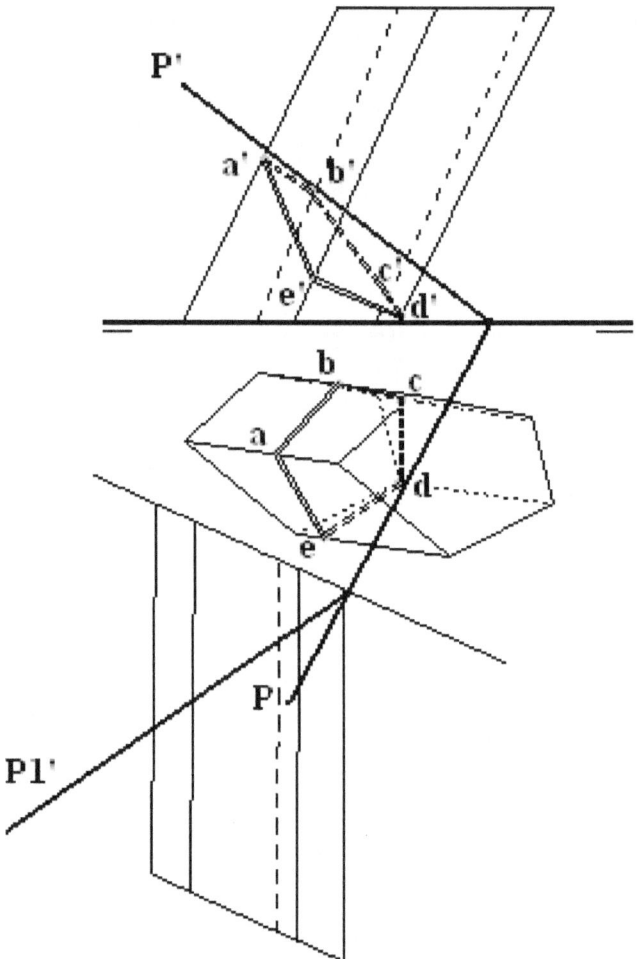

Figura 4
Siempre se sigue el mismo procedimiento, se hace un cambio de plano para tener el plano cualquiera proyectante, se cambia también el cuerpo geométrico, y se le hace la sección, que en esa posición es más sencilla. Donde la traza del plano corta a las aristas, esos son puntos de la intersección. Se pasan a la otra proyección. Y por último se pasan a la proyección que nos falta, o bien subiendo los puntos, o cogiendo las cotas del cambio de plano.

En el cono solo vamos a ver los cortes singulares
1º - Si el plano es perpendicular al eje
2º - Si el plano no es perpendicular al eje pero corta a todo el cuerpo
3º- Si el plano es paralelo a una tangente de la base
4º- Si el plano es paralelo al eje

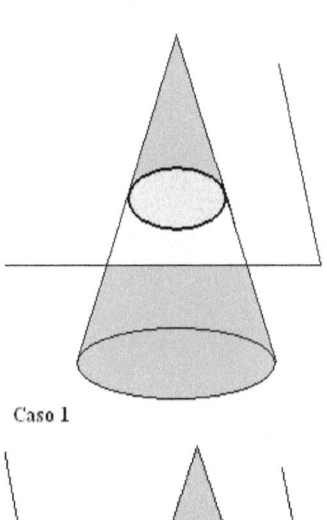

Caso 1

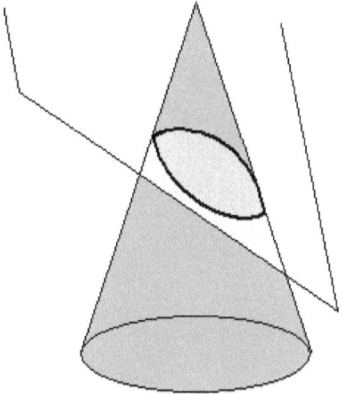

Caso 2

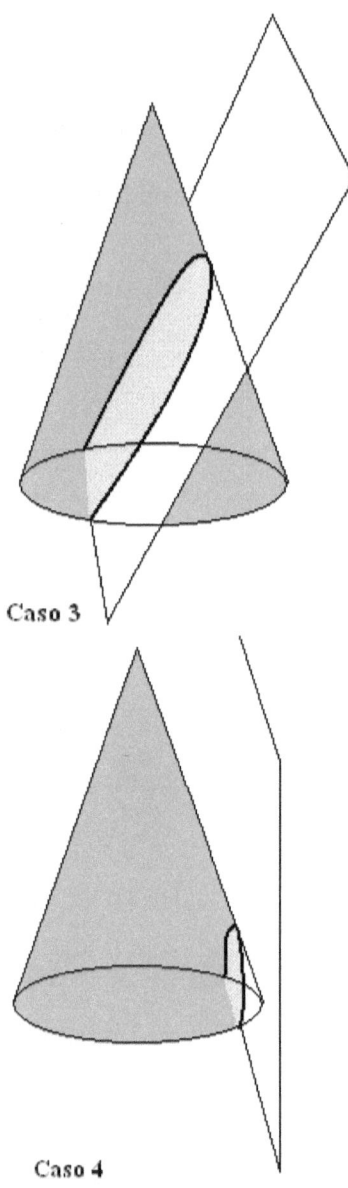

Caso 3

Caso 4

Sistema diédrico y acotado para aprobar

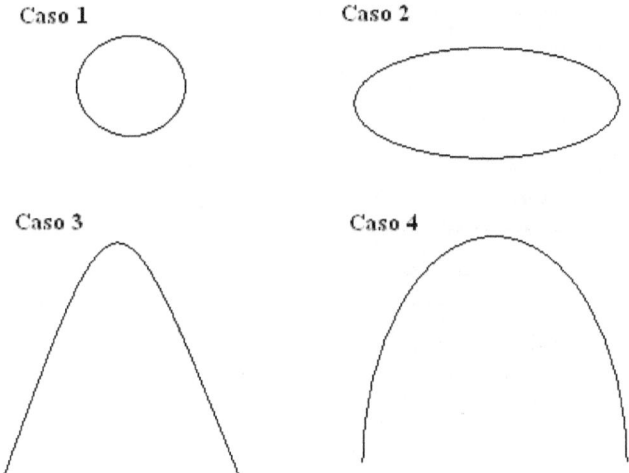

Intersección recta-cuerpo geométrico.

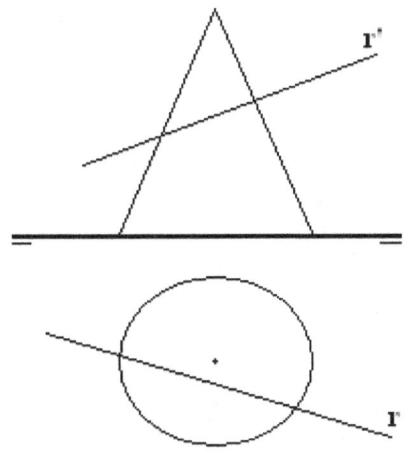

Figura 1

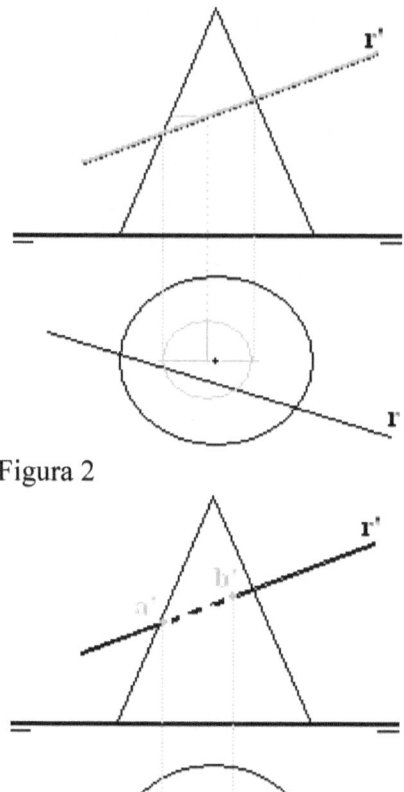

Figura 2

Figura 3

Siempre se hace lo mismo y da igual que cuerpo geométrico sea. Primero se traza un plano proyectante que contenga a la recta, después se hace la sección plana que produce el plano. Donde la recta corta o a la sección plana es donde están los puntos de intersección con el cuerpo geométrico. Por último hay que determinar las partes vistas y ocultas, considerando al cuerpo opaco.

Para la intersección se pueden dar tres casos, que se ven claramente cuando tenemos la sección plana y la recta.

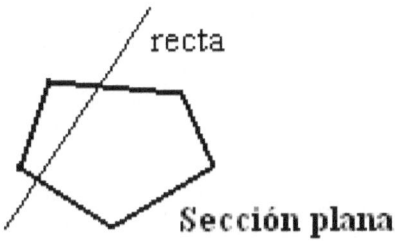
Intersección

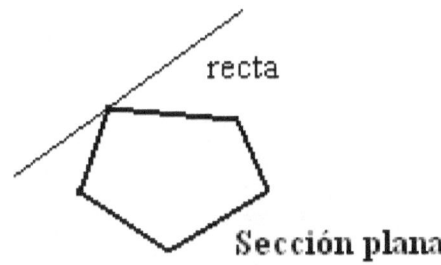
Tangencia (solo tienen un punto en común)

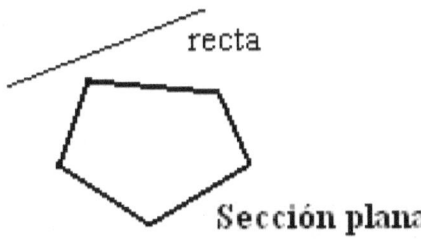
No se cortan

Capítulo 2.13 Cuerpos geométricos peculiares

El toro y bóveda tórica
La definición técnica o geométrica más sencilla de entender es la siguiente: "La envolvente de todas las posiciones de una esfera de radio constante, la cual, su centro se desplaza a través de una circunferencia.".
Para entendernos todos rápidamente aproximadamente un Donuts.

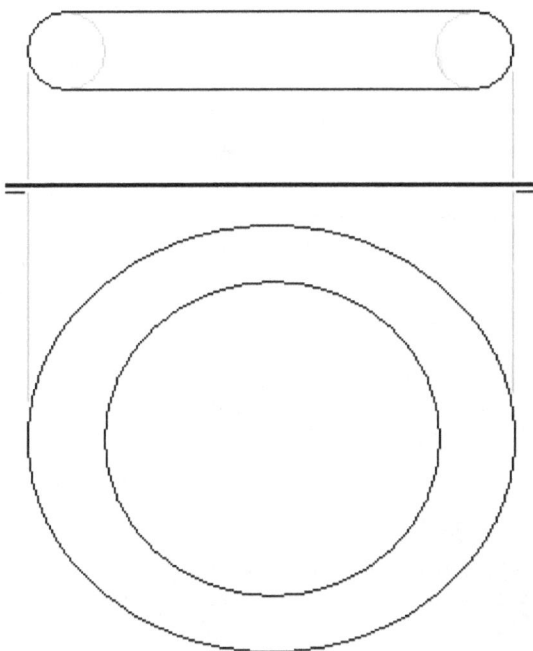

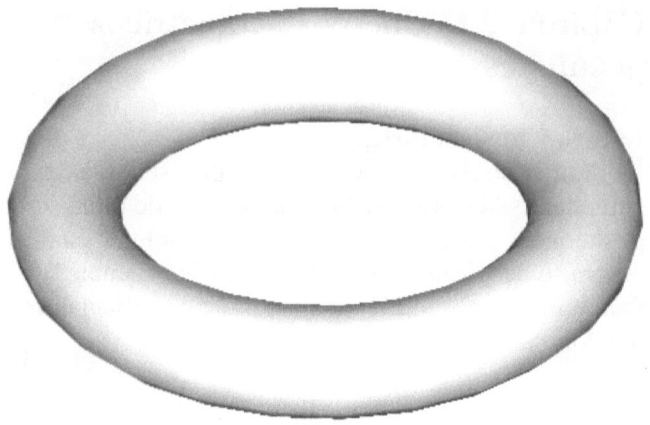

La Bóveda tórica, no es más que quedarnos con la mitad superior del toro

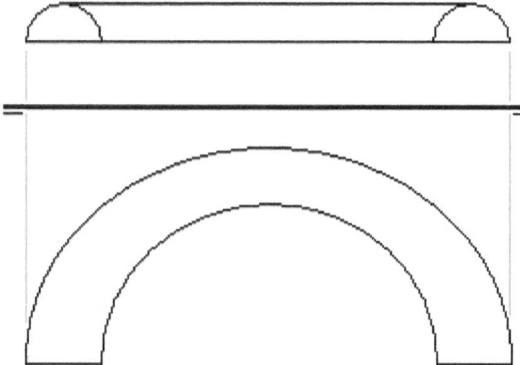

Conoide recto de plano director
Es un cuerpo geométrico, parecido a un cilindro que por un lado termina en una línea recta. Este cuerpo geométrico es muy utilizado para envases. (Pasta de dientes, gomina, etc.)

Sistema diédrico y acotado para aprobar

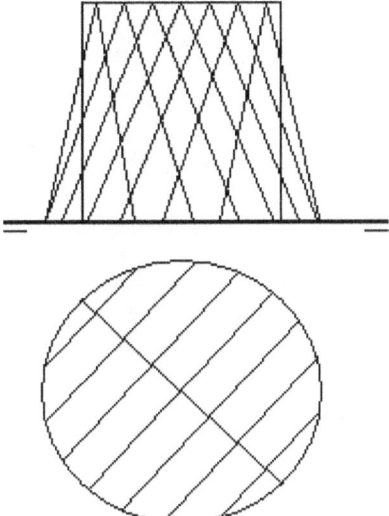

Se construye haciendo la base circular y la parte superior (la recta). Después se divide la recta en partes iguales, y se hacen rectas perpendiculares a esta, después solo es unir los puntos de la base, con los de la recta superior. Lo recomendable es unir los puntos a medida que se hacen las rectas.

Paraboloide Hiperbólico
La definición que hay en la mayoría de los manuales y libros especializados, no es muy clara. Aquí lo definiremos como una superficie generada por el barrido de una recta (generatriz, que ponen en los manuales) apoyada en dos rectas paralelas que se cruzan (directrices). En construcción esta forma se utiliza para cubiertas principalmente.

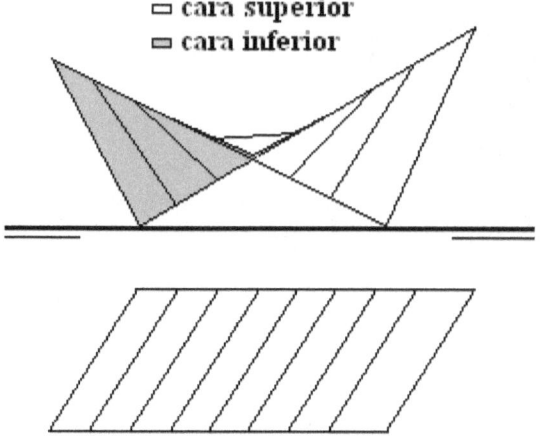

Este se construye, haciendo primero las dos rectas paralelas que se cruzan, después se unen las puntas y en la proyección horizontal, (en planta) se hacen paralelas, y en proyección vertical, solo hay que unir los puntos de una recta que se cruza a la otra, y al unir esos puntos (al hacer las paralelas) va apareciendo sola la figura.

Helicoide recto axial de plano director
Detrás de este nombre solo se esconde, una superficie definida por una doble hélice. Es una superficie generada, por una recta que se mueve de forma circular en el plano horizontal, a la vez que se desplaza verticalmente. Un ejemplo cotidiano es una escalera de caracol o una broca.

Sistema diédrico y acotado para aprobar

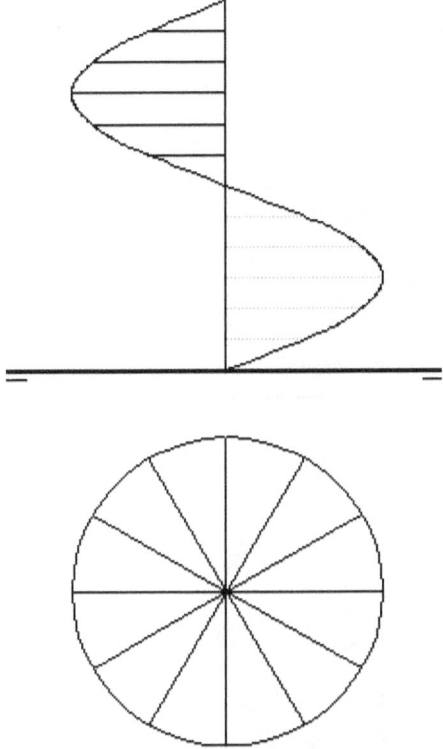

Este cuerpo se realiza, dividiendo la circunferencia de la planta en partes iguales, y el eje, (en vertical) se divide en las mismas partes que la circunferencia, y después se van uniendo los puntos donde coinciden las mismas divisiones. Como en el siguiente dibujo.

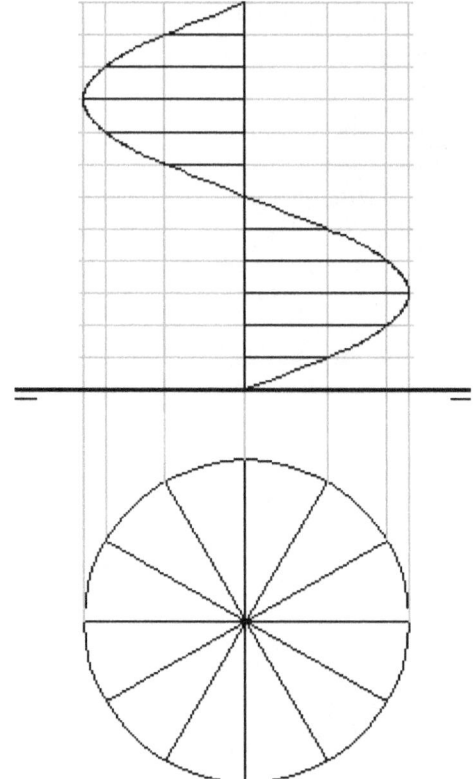

Helicoide recto axial de plano director con ojo
Este es lo mismo que el anterior, pero la superficie describe otro círculo por el lado interior, es como si la escalera de caracol tuviera un ojo, o rodeara un tubo.

Sistema diédrico y acotado para aprobar

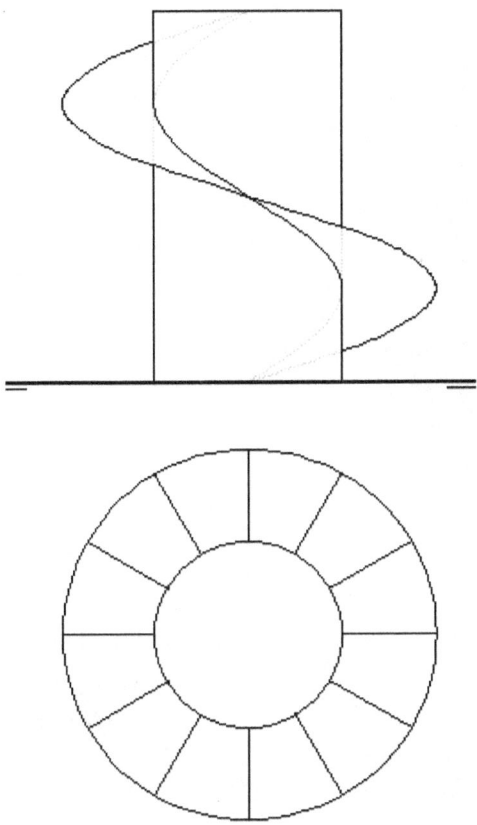

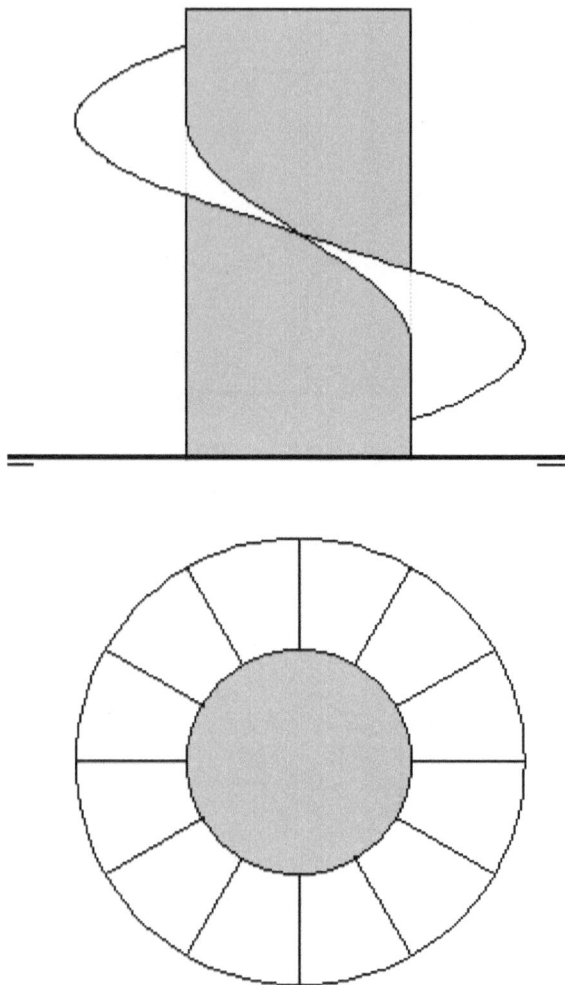

Capitulo 2.14. Intersección de cuerpos

La intersección de cuerpos es como se "mezclan" dos o más cuerpos geométricos. Para hacer la intersección se puede hallar de varias formas, aunque siempre hay algunas que son mejores para algunos tipos. Los métodos más usados son:
- **Método de planos paralelos**, consiste en hacer planos paralelos, suele ser útil en casos de esferas con otras superficies. Los puntos de la intersección saldrán de donde se corten las secciones planas producidas en cada cuerpo. Con este método hay puntos concretos que no son sencillo de obtener.
- **Método de recta-plano**, se aplica intersectando, las aristas de un cuerpo con las caras del otro, obviamente su aplicación es para cuando hay cuerpos con aristas y caras, aunque prácticamente es siempre utilizable. También se puede utilizar conjuntamente con otro método
- **Método de cambio de plano**, este método se basa en hacer cambios de plano, es recomendable cuando un cuerpo tiene caras y el otro no, especialmente si uno de ellos es la esfera. Con este método se busca colocar las caras del cuerpo como planos proyectantes, ya que facilita hacer las intersecciones. Se hacen tantos cambios de plano como caras tenga el cuerpo geométrico.
- **Método de las esferas**, este es recomendable utilizarlo cuando los dos cuerpos son de revolución. Este método se puede aplicar cuando sus ejes se cortan y sean paralelos al mismo plano de proyección. Y es muy sencillo, con centro en el punto donde se cortan los ejes, se hacen esferas concéntricas, y se hace la intersección de cada cuerpo con la esfera, que siempre sale una circunferencia,

donde se corten estas dos circunferencias, una de cada cuerpo, son puntos de la intersección, como máximo saldrán 4 puntos por cada esfera.

Las intersecciones pueden ser de 4 tipos
· *Mordedura*: es cuando la intersección es parcial, también se puede decir que es cuando no hay agujero de entrada y salida, es todo uno. La línea de entrada y salida es la misma.
· *Penetración*: es cuando en un cuerpo el otro produce un agujero de entrada, y otro agujero de salida. Un cuerpo traspasa completamente al otro, la línea que forma el agujero de entrada no se toca con la línea que forma el agujero de salida.
· *Penetración tangencial:* es una penetración en donde el agujero de entrada y salida se tocan en un punto. La línea que forma el agujero de entrada es tangente en un punto a la línea de agujero de salida. A esta penetración también se le llama límite sencillo.
· *Penetración máxima*: Es cuando el agujero de entrada y el de salida se tocan en dos puntos. La línea del agujero de entrada es tangente en dos puntos a la línea del agujero de salida. A esta penetración también se le llama límite doble

Sistema diédrico y acotado para aprobar

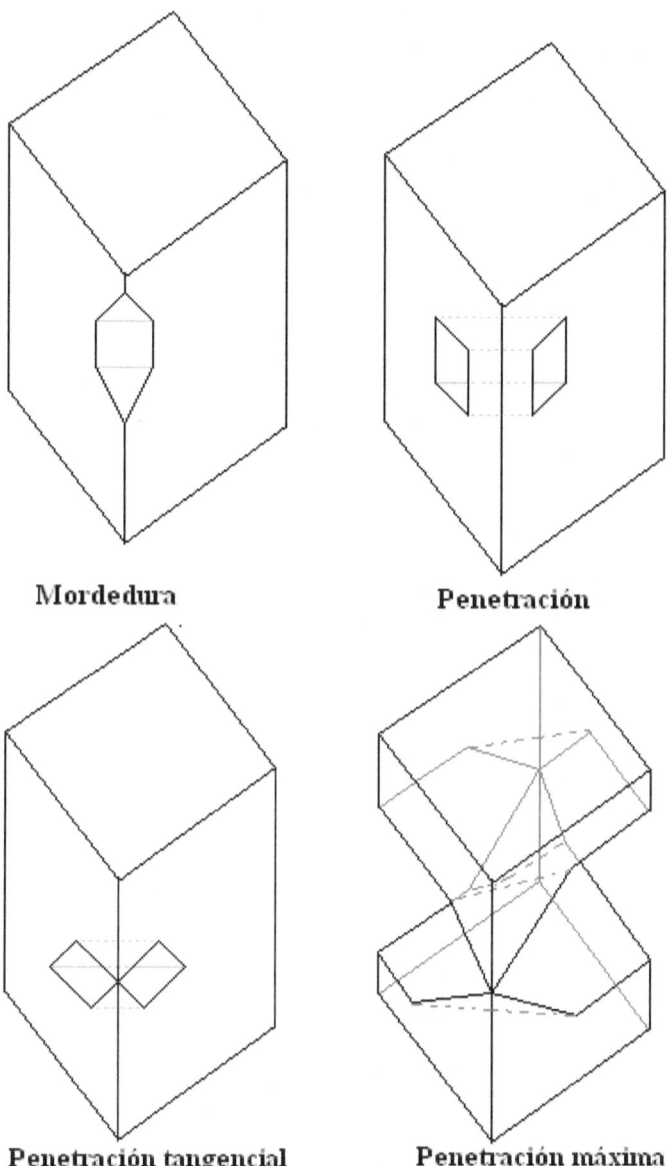

Mordedura **Penetración**

Penetración tangencial **Penetración máxima**

En función de las partes con que nos quedemos, podemos referirnos de distintas formas, por ello merece la pena definir y unificar los siguientes conceptos.

Sólido conjunto, sólido total o mezcla:
Es la unión de los dos cuerpos
Sólido común:
Es lo pertenece a los dos cuerpos, se puede entender que es realmente la intersección.
Vaciado:
Es el sólido conjunto, sin el sólido común.

Capitulo 2.15 Intersección de cuerpos más comunes en la arquitectura (bóvedas y cúpulas)

Lunetos
En la arquitectura se empezó por hacer bóvedas, primero sencillas, y poco a poco las fueron complicando. Lo primero que hicieron fue intersectar las bóvedas de cañón a distintas alturas, después hicieron lo que llamaron lunetos, que es abrir una bóveda intersecándola con otra más pequeña. Esto se puede hacer interesectando bóvedas de cañón (semi cilindros), o ya que nos ponemos, con semi conos y con semi esferas.
Y los ejes de estos poliedros pueden ser perpendiculares, que darán lunetos rectos, o inclinados, que serán lunetos oblicuos.
Luneto cilíndrico recto y oblicuo

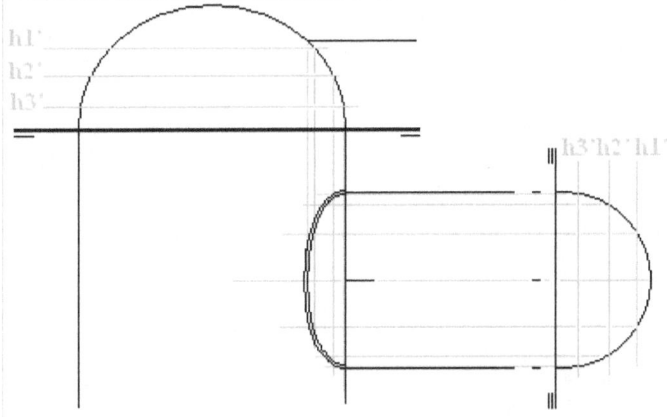

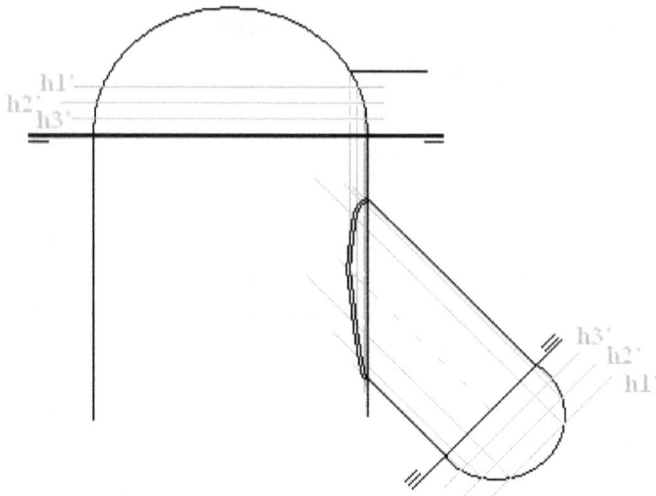

Los dos lunetos se hacen de la misma forma, hacemos un cambio de plano, que quede la nueva línea de tierra perpendicular al eje del semi cilindro que forma el luneto, y ahora, se hacen planos horizontales paralelos, en los dos cambios de planos (prestar atención en que en los dos sitios tengan la misma cota) y donde los planos corten a los semi cilindros, hacemos las rectas intersección, y donde se corten las rectas de la misma altura de cada cilindro son los puntos de la recta que forma el luneto, uniendo todos los puntos obtendremos el luneto.

Sistema diédrico y acotado para aprobar

Luneto cónico
Este es igual que el anterior con la salvedad, de que el cuerpo que hace el luneto es un semi cono.

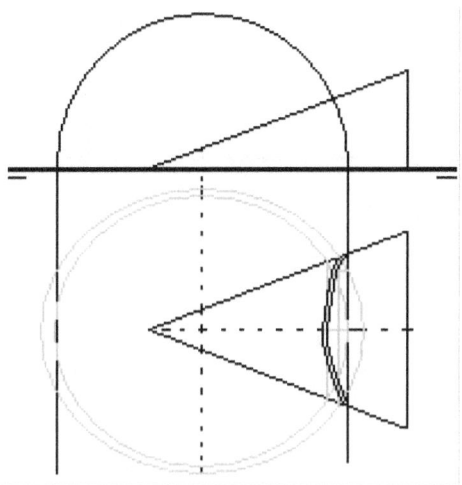

Para este luneto, tanto recto como oblicuo, se hace por el método de las esferas. Se hacen esferas concéntricas, donde se cortan los ejes de semi cilindro y el semi cono, y se hacemos la intersección que producirían en con la esfera. En el cilindro produce 2 cortes paralelos a la línea de tierra, y en el cono 1 corte perpendicular a la línea de tierra.
No necesariamente el cono tiene que ser recto

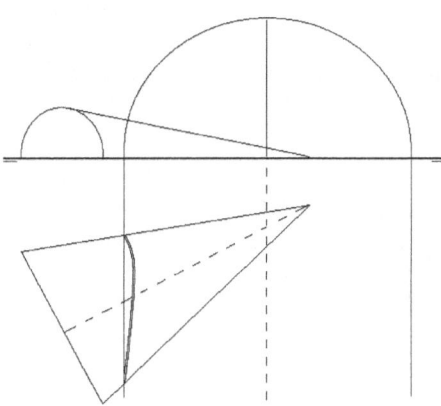

137

Luneto esférico
Igual que los anteriores pero con una semi esfera.

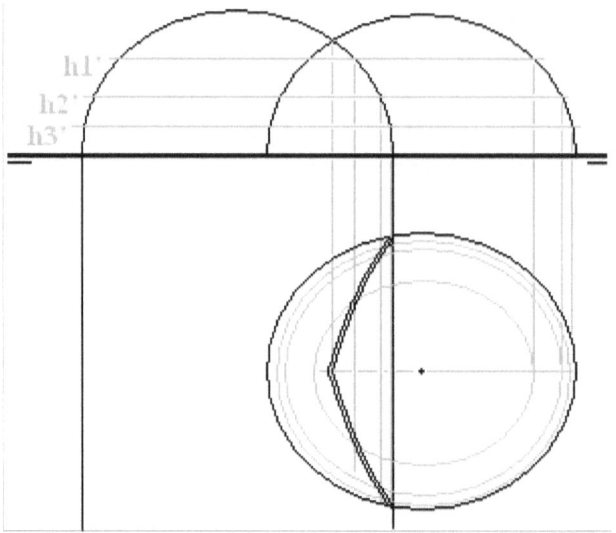

Se hace igual que los anteriores, se hacen planos horizontales, y donde se corten las secciones en ambos cuerpos son puntos de la intersección, y por lo tanto de la línea que define el luneto esférico

Intersección de bóvedas
Después de esto, en la arquitectura, se atrevieron a intersecar bóvedas de cañón a la misma altura de forma perpendicular, y esto llevó a las bóvedas de arista y a las de rincón de claustro o claustrales.

Bóveda de arista
Se pueden hacer de tantas bóvedas como se quiera, la más usual es la de planta cuadrada, que es donde intersecan dos o cuatro bóvedas, según se vea.

Sistema diédrico y acotado para aprobar

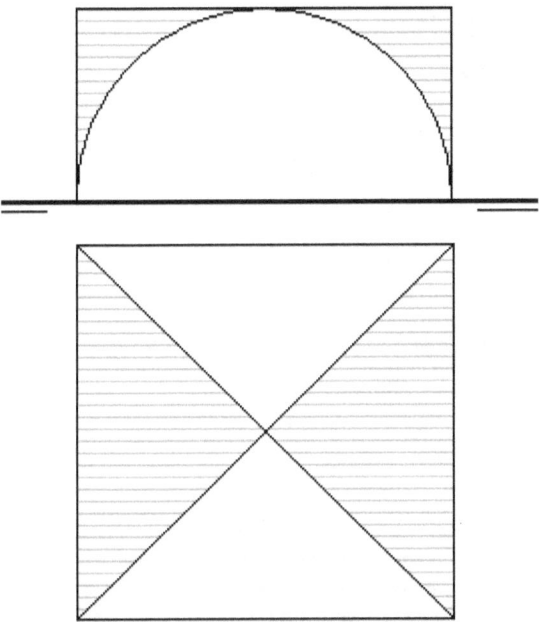

Se puede con más y con menos bóvedas.

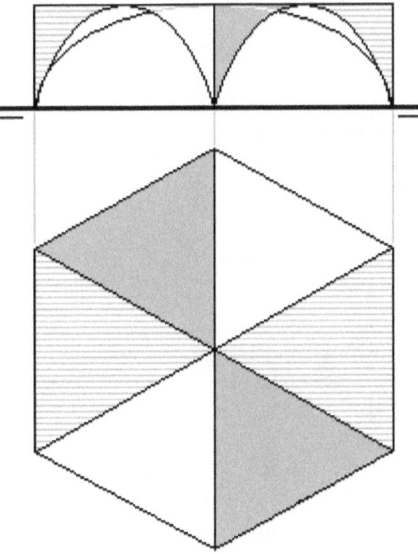

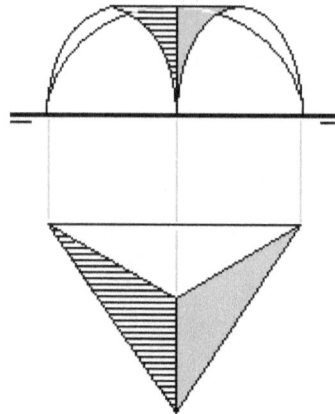

Bóveda de rincón de claustro o claustrales.
Está es igual que la anterior, pero en lugar de quedarnos con los cortes por las aberturas, está vez serán los lados de la bóveda, está es más bien un cúpula, a más lados más se parecerá a una semi esfera.

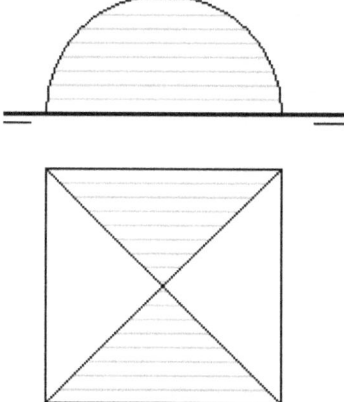

Sistema diédrico y acotado para aprobar

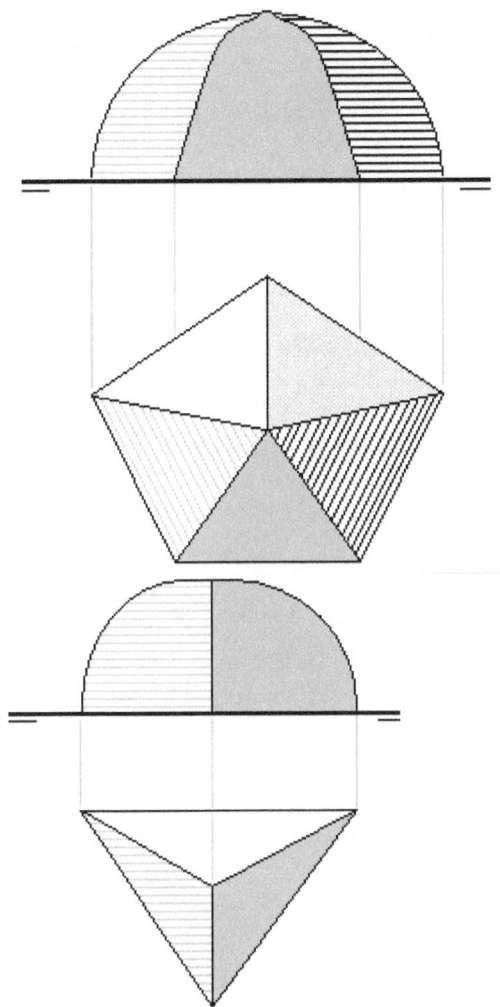

Como dato, decir que en la bóveda de arista, se nombran según el número de lados que tenga por ejemplo, bóveda de 4 lunetos, y en las bóvedas de rincón de claustro también se hace por el número de lados, y en este caso se llamaría bóveda de 4 témpanos.

Bóveda acodillada
Es simplemente el hacer una esquina con una bóveda de cañón, que obviamente se pueden hacer de cualquier amplitud

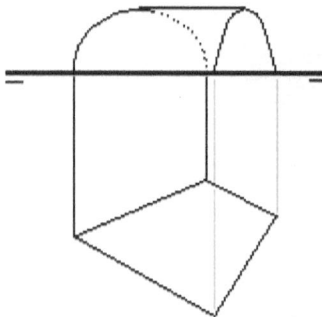

Todas las bóvedas que no están perpendicular al plano vertical, se verán como una elipse (en el anexo se describen varios métodos para hacer elipses). La intersección que hay hecha en el dibujo se ve como media circunferencia porque coincide con la bóveda perpendicular al plano vertical.

Bóveda baída
Está bóveda se forma a partir de una semi esfera, se corta en forma de cuadrado.

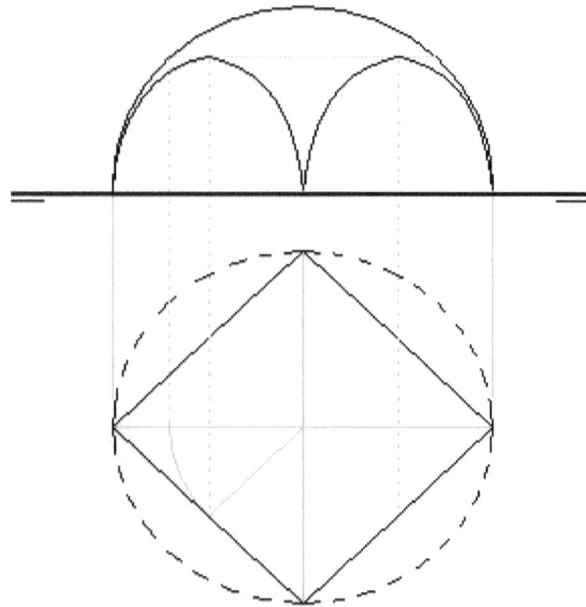

En esta bóveda para hacerla es mejor primero hacer la semi esfera, y después hacer dos diámetros

Sistema diédrico y acotado para aprobar

perpendiculares, y unir los extremos para formar el cuadrado. Lo siguiente es hacer una perpendicular al lado del cuadradazo y que pase por el centro, luego ese segmento lo ponemos proyectante, para poder subir el punto del extremo, y así poder obtener la cota máxima de los cortes. Una vez hecho esto, subimos los puntos donde están los vértices del cuadrado, y lo único que nos falta es hacer las elipses correspondientes.

Cúpula de bohemia o de cuatro puntas
Es como la anterior pero si el cuadrado lo hacemos más pequeño

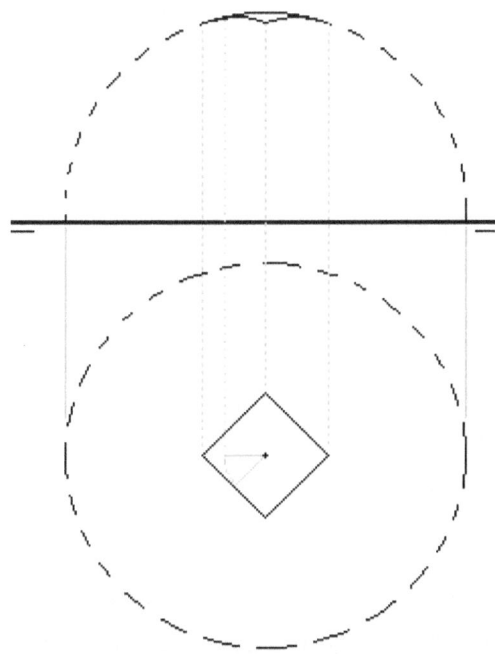

Cúpula Bizantina o esférica sobre pechinas
Esta cúpula es una semi esfera, apoyada sobre patas, con forma esférica. Una forma intuitiva de entenderla y que sirve para recordar como se construye, es verla como una bóveda baída, que además encima, por el punto más alto de los cortes, se le ha añadido una semiesfera

143

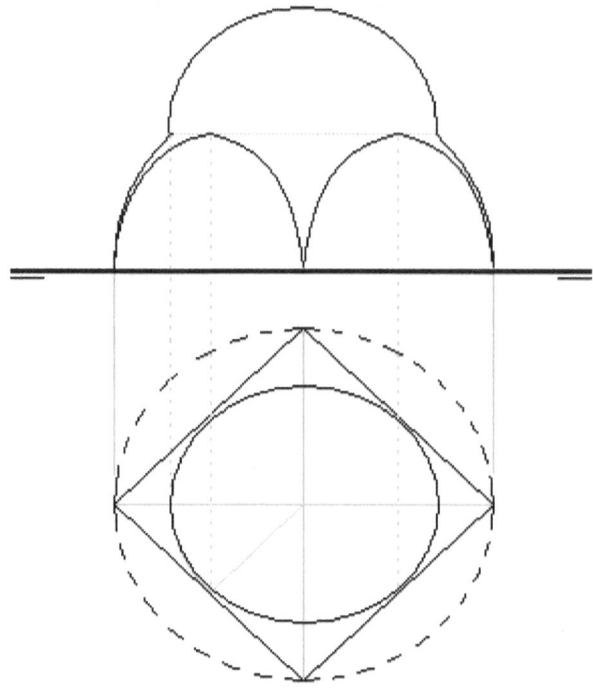

Esta cúpula se hace igual que la baída, pero al final, se le añade, en la planta (proyección horizontal) una circunferencia inscrita en el cuadrado, y en el alzado (proyección vertical) se hace media circunferencia pinchando en la horizontal de la altura máxima de los arcos de la bóveda baída, y el radio el mismo que el de la proyección horizontal

Nido esférico
Esta figura ha sido muy utilizada en la construcción, sobre todo en la construcción religiosa para hacer absidiolos, y en su interior colocar figuras. No es más que un semi cilindro coronado con una semi esfera.

Sistema diédrico y acotado para aprobar

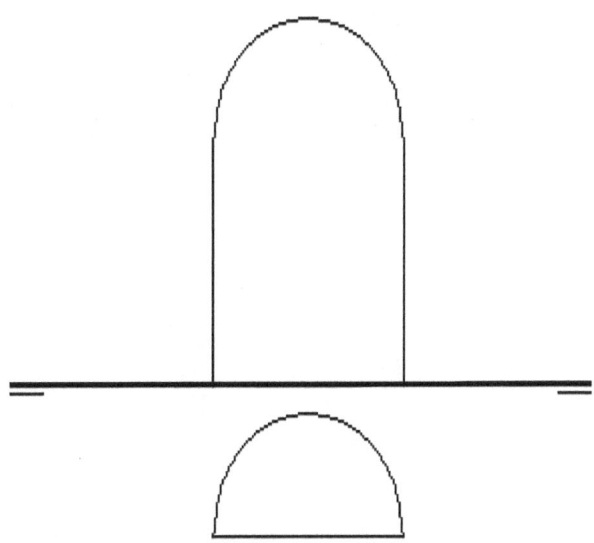

Sistema diédrico y acotado para aprobar

Capítulo 3 Sistema acotado

En el sistema acotado, solo hay una representación de los objetos. Esta representación es la planta, y para poder entenderlo en 3 dimensiones lo que se hace es colocar en algunos puntos concretos la cota a al que es están, ese punto, o una línea, etc... Por ello en el sistema acotado también tenemos solo 3 elementos para representar todo, el punto la recta y el plano.
El punto solo tiene 3 posiciones posibles, para simplificar, nos referiremos a esas tres posiciones como, por debajo del plano de la planta (plano de referencia que suelen llamarlo) contenido en el plano de la planta, y por encima del plano de la planta. Los puntos se pueden representar de destintas formas, pero lo importante es que siempre se ponga la cota a la que está.

.(-2)

.(+3)

• (0)

La recta en el sistema acotado tiene algunas variaciones, por ejemplo una recta siempre tiene que estar definida por dos puntos (con sus respectivas cotas). Para graduar una recta que nos den por dos puntos se hace mediante Thales.

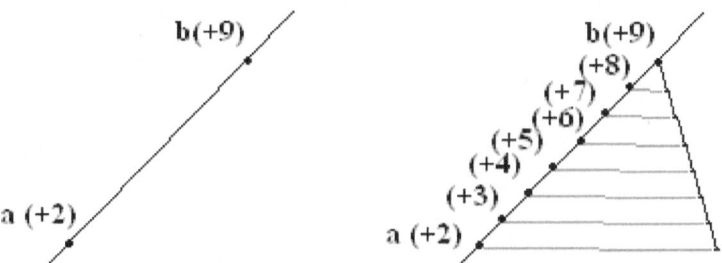

En el sistema acotado la recta tiene lo que se llama Módulo o intervalo, que esto define la pendiente de la recta.

El Intervalo, es el distancia horizontal medida en el plano de referencia, que hay entre una unidad de desnivel

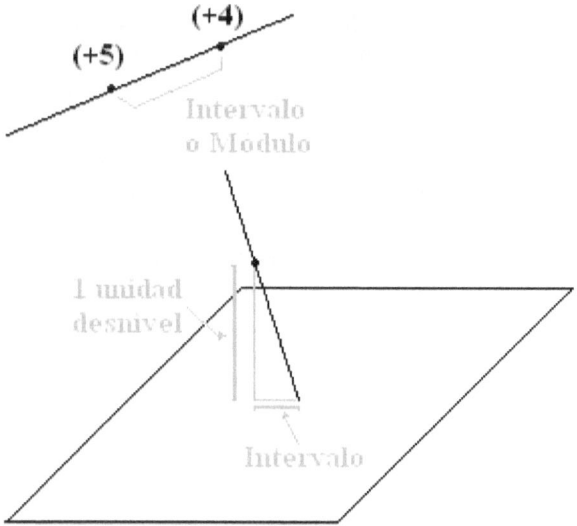

La pendiente de la recta es la inversa del intervalo, y una pendiente se puede dar en tanto por ciento, en fracción o en ángulo. Las formas más usuales de dibujar una recta a partir de que nos den la pendiente son las siguientes.
Si la dan en fracción, simplemente es hacer un triangulo rectángulo, utilizando el numerador como medida del cateto vertical, y el denominador como medida del cateto horizontal, y la hipotenusa es una línea con esa pendiente.
Si nos dan la pendiente en porcentaje, lo único que hay que hacer es pasarlo a fracción, y ya es lo mismo que antes.
Y si nos lo dan con el ángulo, pues es poner el ángulo y ya está.
Pero nosotros para dibujar la recta en el sistema acotado, lo que necesitamos saber es el intervalo, por ello una vez que tenemos el triangulo rectángulo hecho, en el cateto vertical, tomamos una unidad de altura, y hacemos la horizontal, y donde corte a la

hipotenusa, hacemos una vertical, y desde el punto de corte a la punta del triangulo esa distancia será el intervalo de la recta de esa pendiente.

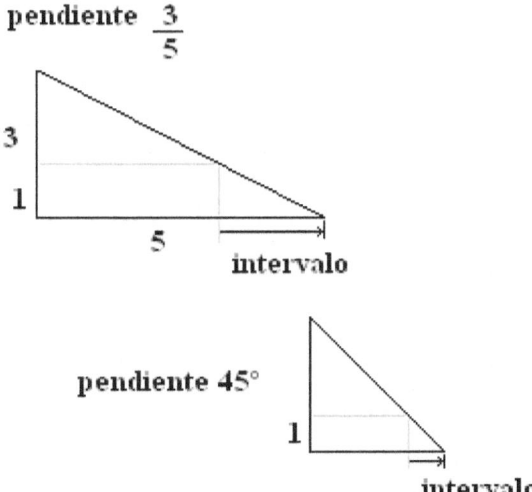

El plano en el sistema acotado se representa por su recta de máxima pendiente, que seria la dirección que una gota de agua seguiría si cayera sobre el plano. Por lo tanto la línea de máxima pendiente es perpendicular a las rectas horizontales del plano.

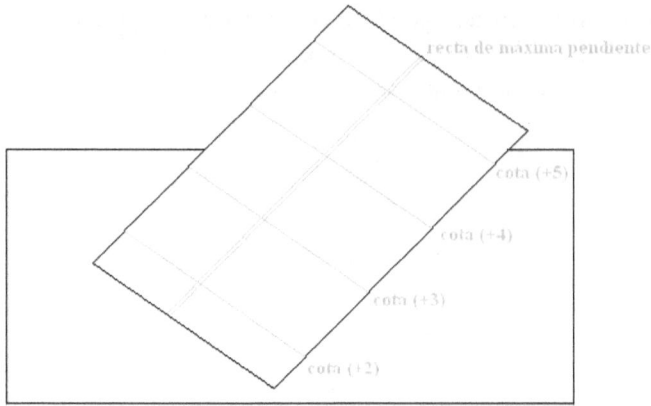

Un plano en el sistema acotado se representa de forma muy similar a la de las rectas, nos darán la pendiente del plano, y haremos igual que en las rectas, pero en este caso el intervalo que obtenemos sirve para saber los puntos en la recta de máxima pendiente por la que pasan las rectas horizontales del plano. La recta de máxima pendiente la representaremos por una doble línea, para diferenciarlas de otras líneas.

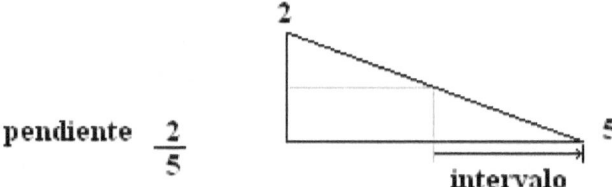

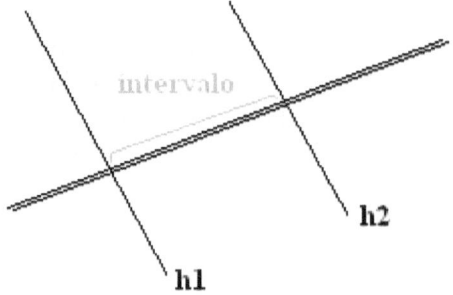

Sistema diédrico y acotado para aprobar

En sistema acotado, como en el diédrico, un plano puede quedar definido por dos rectas que se cortan.

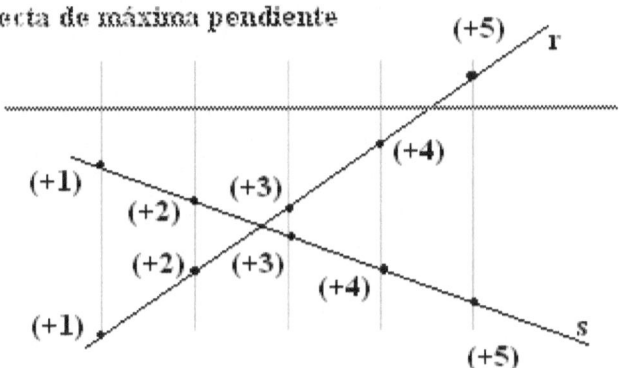

Acotamos las dos rectas, y a partir de ahí, unimos los puntos con la misma cota, y esas serán las horizontales del plano, y en perpendicular estará la línea de máxima pendiente

También un plano puede estar definido por 3 puntos no alineados, ya que se pueden unir de forma que se transformen en dos rectas que se cortan.

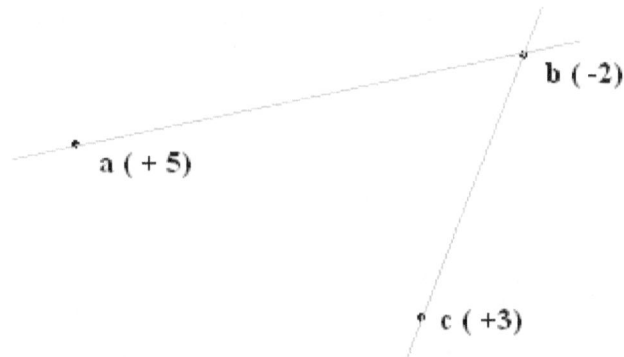

Otra forma de definir un plano es mediante una recta y un punto

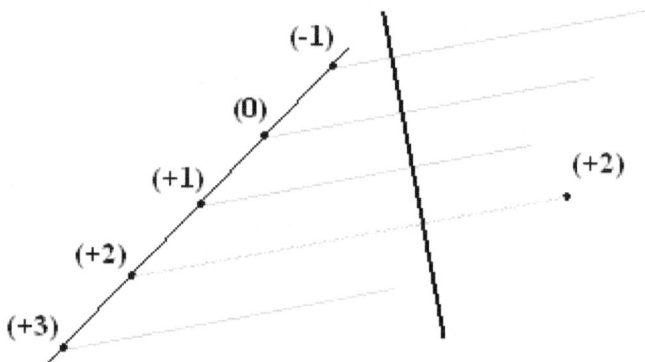

Si tenemos una recta y un punto, uniendo el punto, con su homologo de cota en la recta, estaremos haciendo la dirección de las rectas horizontales de un plano, por lo tanto haciendo paralelas a esa dirección, por los puntos de otras cotas, estaremos haciendo las horizontales del plano

Y también definiría un plano dos rectas paralelas. Dos rectas en sistema diédrico, son aquellas que sus representaciones son paralelas, tienen el mismo intervalo, y el sentido de subida o bajada de las cotas es el mismo.

Sistema diédrico y acotado para aprobar

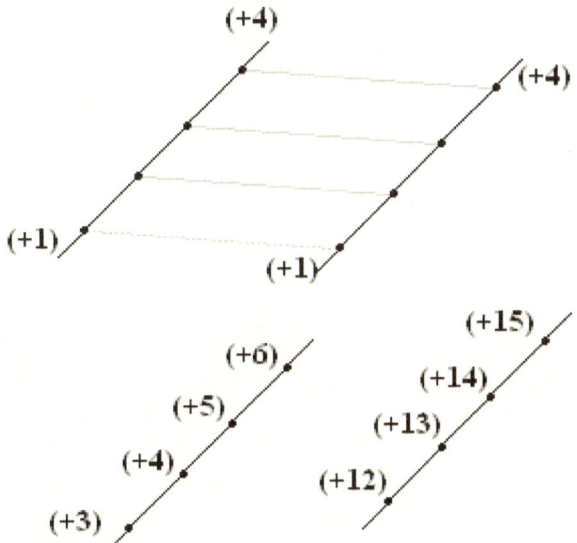

Estas dos rectas tambien son paralelas aunque cuesta un poco más de ver

Para conocer la cota de un punto contenido en un plano o en una recta, se puede hacer, transformando el sistema acotado en diédrico. Y en la proyección vertical medir la cota del punto que queremos, siempre lo haremos buscando en una posición que se vea verdadera magnitud

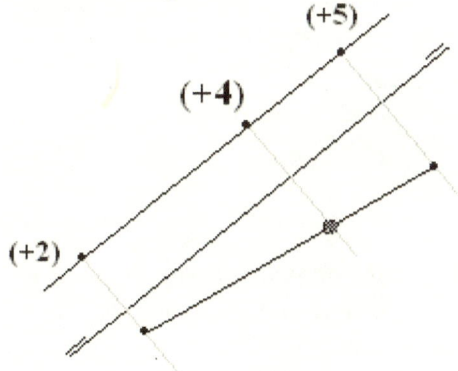

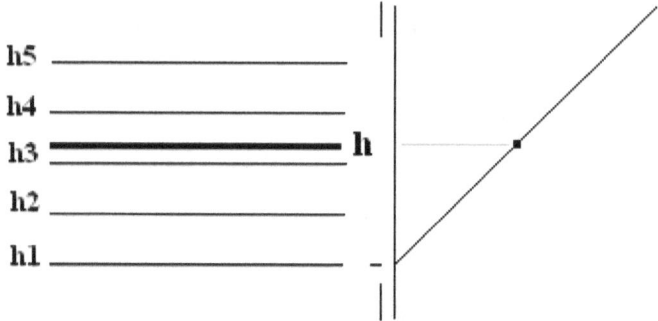

En sistema acotado se puede hacer lo mismo que en el diédrico, pero hay cosas que se pueden complicar mucho, por ello no se hace. Lo más usual que se hace en este sistema, es intersección de planos, de rectas, dibujar rectas en planos concretos, hacer planos que contengan a rectas y cosas de este estilo, ya que para lo que más se utiliza este sistema es para hacer planos con curvas de nivel, cubiertas de edificaciones, y algunos casos muy concretos y aislados.

Como hacer una recta de pendiente dada, en un plano concreto y que contenga a un plano

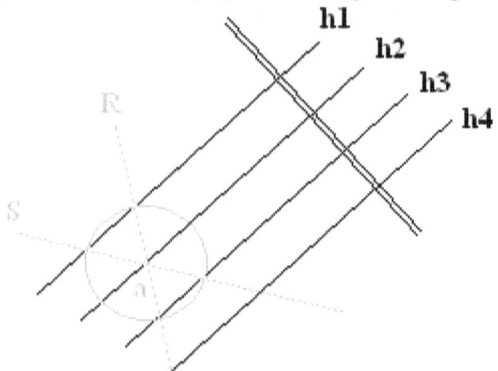

Para este caso la pendiente de la recta siempre tiene que ser inferior o igual a la pendiente del plano, y se hace de la siguiente forma:
Se haya el intervalo de la recta que tengamos que dibujar, y después en el punto del plano que tenga que

contener se hace una circunferencia con el radio, el intervalo, y donde la circunferencia corte a las cotas inmediatamente superior o inferior, son puntos por donde pasa la recta, siempre vamos a tener 2 posibilidades. No hace falta decir, que para acotar la recta, es donde corte a las cotas del plano, y con la misma cota que tenga el plano en ese punto.

Como hacer un plano de pendiente dada, que contenga a una recta.

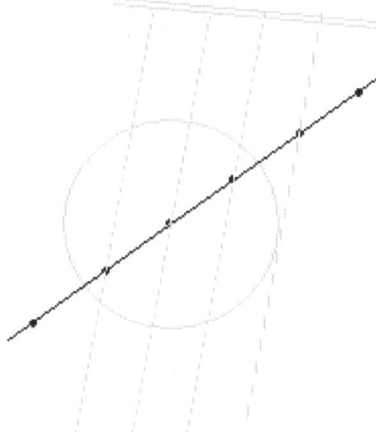

Es parecido al de la hacer una recta en un plano. Cogemos la recta y en un punto de cota, hacemos una circunferencia de radio intervalo del plano, y después desde la primera cota que queda fuera de la circunferencia hacemos una tangente a la circunferencia, y esa es la dirección de las horizontales. Importante recordar que esto solo se puede hacer y saldrá bien, siempre y cuando la pendiente del plano sea mayor que la pendiente de al recta.

Intersección de rectas
En el sistema acotado, dos rectas se intersecan o se cortan, cuando sus proyecciones se cortan, y el punto donde se corta, está a la misma cota en cada recta, y no tienen porque tener el mismo intervalo.

155

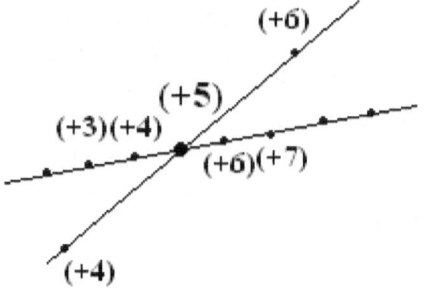

Intersección de planos

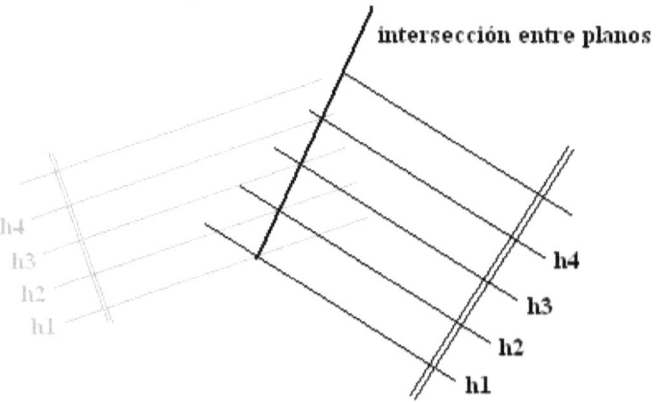

La intersección entre planos se hace uniendo los puntos donde se cortan las horizontales de la misma cota, y da igual como sean los planos y que intervalo tengan.

Sistema diédrico y acotado para aprobar

Intersección de planos con horizontales paralelas

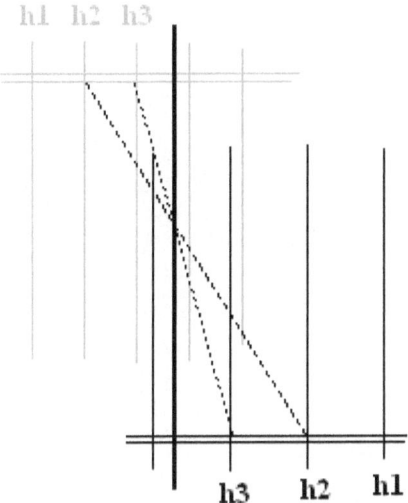

En este caso lo que se hace para obtener la intersección entre los dos planos, es hacer una paralela a la recta de máxima pendiente en cada plano, o no podemos apoyar en la recta de máxima pendiente y lo que hacemos es unir los puntos de corte de esa recta con una cota en ambos planos, y al unir dos cotas de cada plano, las 2 rectas cortan en un punto y ese el punto por donde pasa la recta intersección. Los planos pueden tener distintos intervalos. Si tienen el mismo intervalo, se puede obtener la recta intersección obteniendo la mediatriz entre las dos horizontales de la misma cota. (Una de cada plano)

Intersección recta-plano

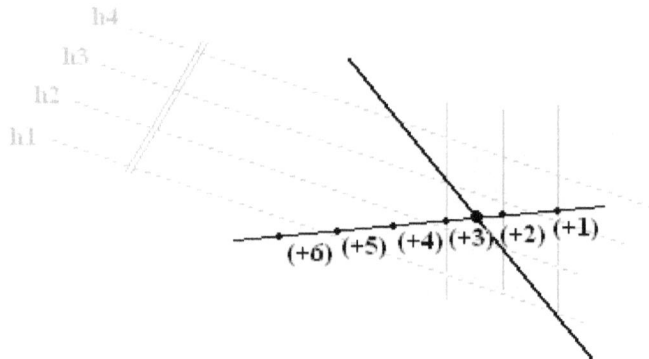

Para la intersección recta-plano, lo que hacemos es acotar la recta, y hacemos un plano que la contenga, que es sencillamente hacer paralelas que pasen por los puntos de cota, una vez hecho esto, hacemos la intersección entre los dos planos, y donde la recta intersección corta a la recta que teníamos ese es el punto intersección recta-punto

Anexo

Construcción de polígonos regulares

Polígono regular de 3 lados (triangulo equilátero)

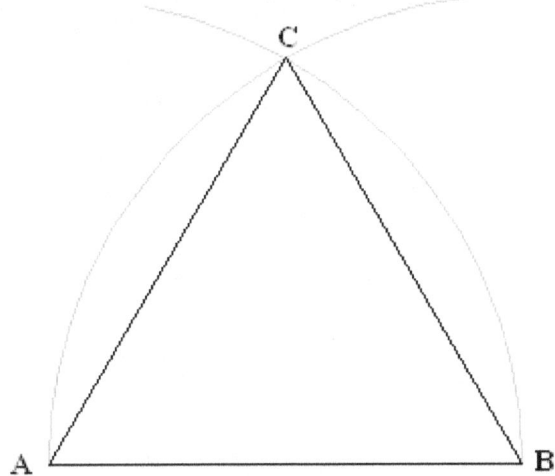

Teniendo el segmento AB, lo que hacemos es pinchando en A y radio AB hacer un arco, y con la misma abertura, pinchamos en B y hacemos lo mismo. El punto de corte de los dos arcos es el punto C

Polígonos regulares de 4 (cuadrado) y 8 lados (octágono)

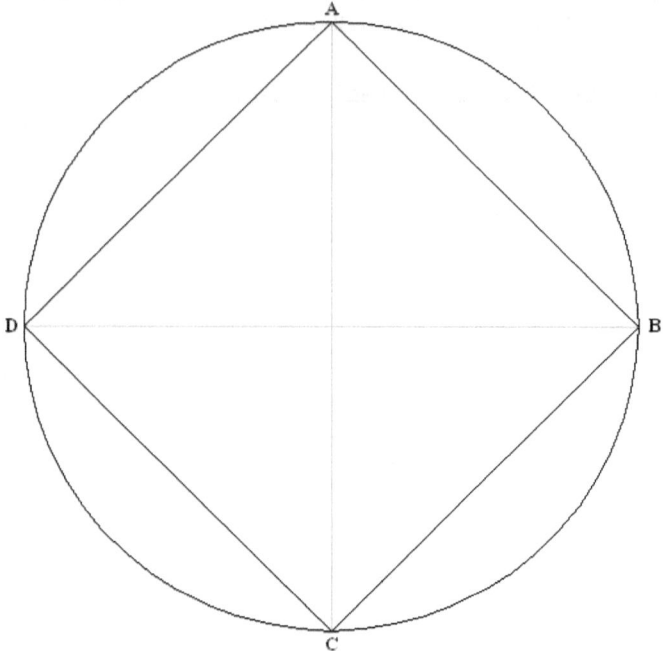

Si tenemos la circunferencia circunscrita del cuadrado, lo único que tenemos que hacer es hacer 2 diámetros perpendiculares, y después unir los extremos de los diámetros.

Sistema diédrico y acotado para aprobar

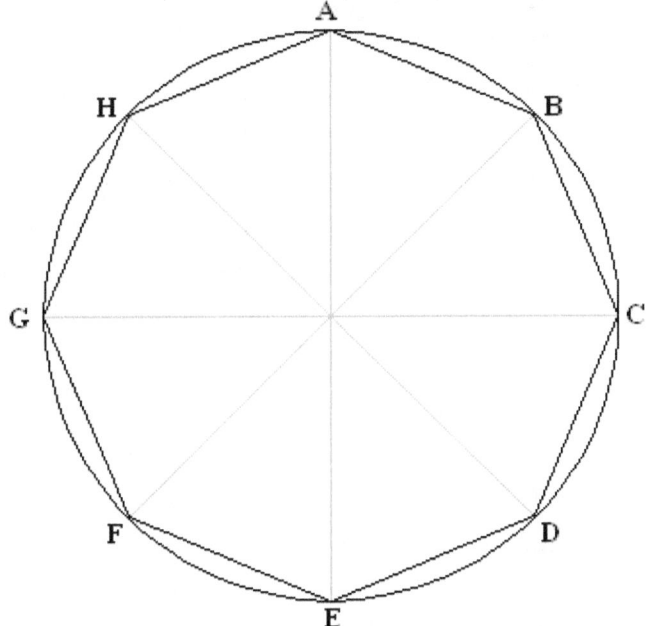

Este se puede hacer o bien, haciéndole la mediatriz a los lados del cuadrado, o en lugar de hacer 2 diámetros perpendiculares, hacer 4 diámetros, a 45° cada uno.

Polígonos regular de 5 (pentágono) y 10 lados (decágono)
Pentágono conociendo el lado

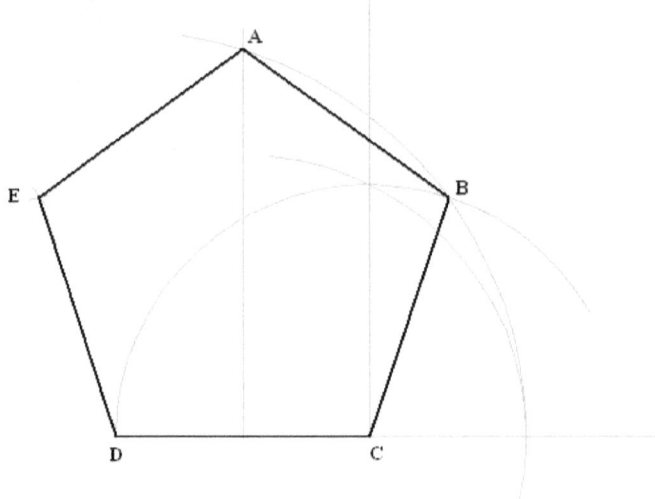

Primero le hacemos una perpendicular por el punto medio del lado, y otra por el extremo derecho, y después prolongamos el lado hacia la derecha. Con el compás pinchamos en el extremo derecho del lado, y hacemos un arco grande con radio el lado. Pinchando con el compás en el punto medio del lado, y con el compás hacemos un arco desde el punto donde el arco corta a la perpendicular del extremo, hasta la prolongación del lado. Ahora pinchamos en el extremo izquierdo del lado, y hacemos un arco grande, utilizando de radio, desde el punto en el que pinchamos hasta el punto donde el último arco que hemos hecho corta a la prolongación del lado. Pues ya tenemos dos puntos del pentágono, uno es donde este último arco corta al primero que hicimos, y otro punto es donde el último arco que hemos hecho corta a la perpendicular del lado por el punto medio. Desde estos puntos con el compás y radio el lado hacemos pequeños arquitos para obtener los otros puntos del pentágono

Sistema diédrico y acotado para aprobar

Pentágono, con la circunferencia circunscrita

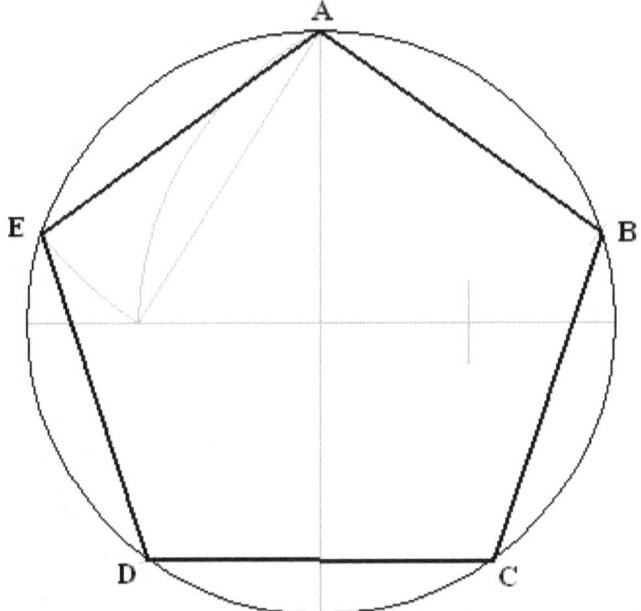

A la circunferencia le hacemos dos diámetros perpendiculares, En un semidiámetro (preferible el horizontal de la derecha) le hacemos el punto medio, en ese punto, pinchamos el compás, y con radio en el extremo superior del diámetro vertical, hacemos un arco hasta que corta al diámetro horizontal. Desde este punto al extremo del diámetro vertical tenemos el lado del pentágono, lo llevamos a la circunferencia y lo ponemos por toda la circunferencia. Para evitar errores, llevar la mitad de los puntos en un sentido de la circunferencia, y la otra mitad en el otro sentido, desde el punto del extremo superior del diámetro vertical

Polígono regular 10 lados

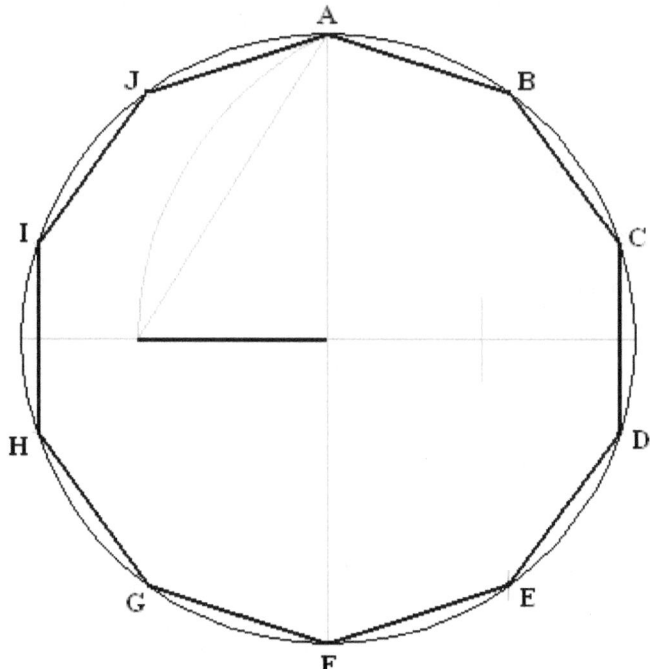

Se hace igual que el pentágono con la circunferencia circunscrita (anterior), pero aquí el lado del polígono está desde el punto del semidiámetro de la izquierda al centro de la circunferencia

Sistema diédrico y acotado para aprobar

Polígono regular de 6 lados (hexágono)

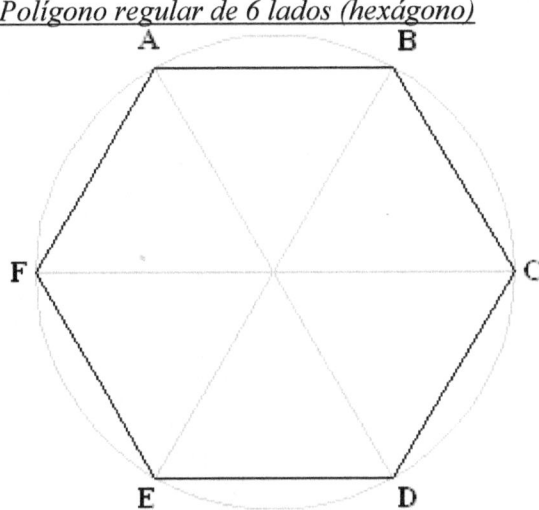

Si conocemos un lado, primero hacemos un triangulo equilátero (como el polígono de 3 lados), y en el punto que sacamos, lo utilizamos para hacer la circunferencia. Si tenemos la circunferencia, hacemos un diámetro, y desde los extremos hacemos arcos que corten a la circunferencia, y esos son los puntos del polígono

Polígono regular de 7 lados (heptágono)

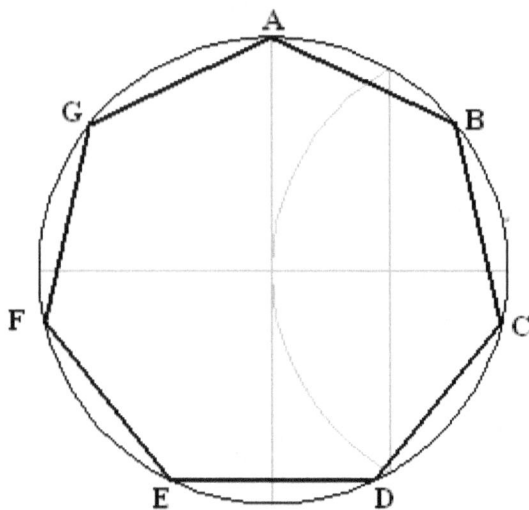

A la circunferencia le hacemos dos diámetros perpendiculares, con el mismo radio que la circunferencia, desde un extremo de un diámetro hacemos un arco. Unimos los dos puntos donde se cortan el arco y la circunferencia. Desde uno de esos puntos, al diámetro es el lado del polígono. Ahora solo hay que transportarlo por la circunferencia para tener el polígono hecho

Sistema diédrico y acotado para aprobar

Método general para cualquier número de lados

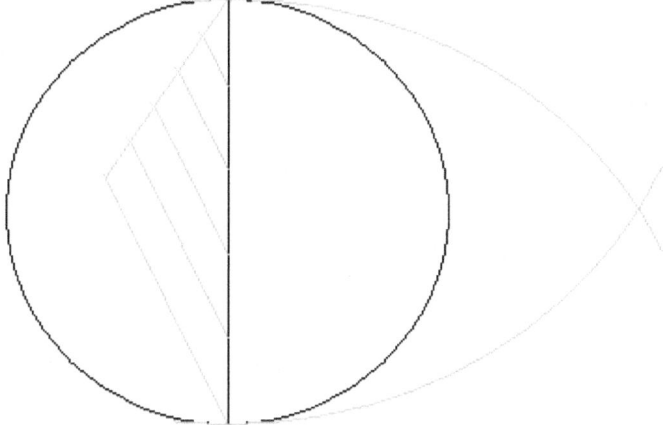

Figura 1

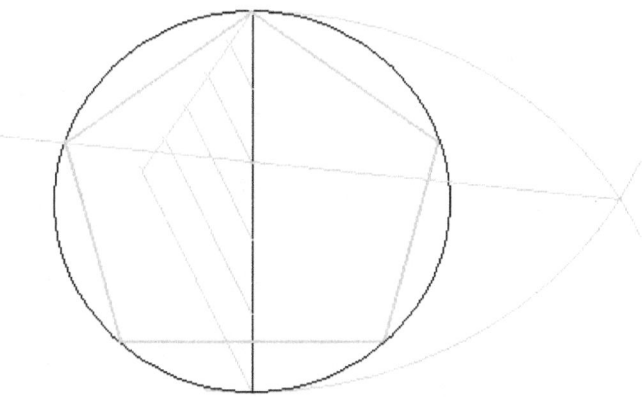

Figura 2

En este método se hace una circunferencia, y a esta un diámetro, después se divide el diámetro en tantas partes como lados se quiera hacer el polígono regular (en el ejemplo 5). Después con radio el diámetro, y pinchando en los extremos del diámetro, se hacen dos arcos. Desde el punto donde se cortan los dos arcos, se hace una línea que pase por la segunda división, y donde corte por el otro lado a la circunferencia, ese es un punto del polígono, y desde ese punto, al extremo del diámetro, es un lado del polígono.

Sistema diédrico y acotado para aprobar

Construcción de elipses
Conociendo los dos ejes

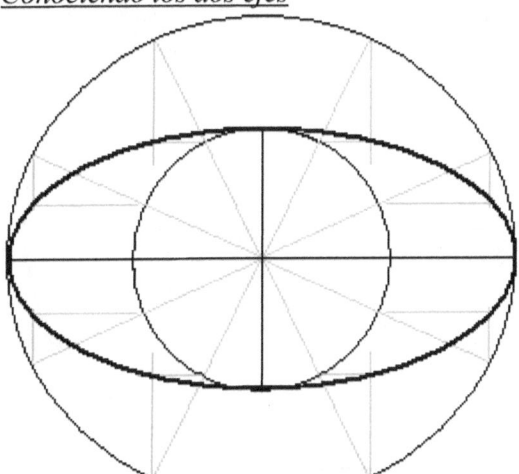

Se hace una circunferencia de diámetro el eje mayor y otra de diámetro eje menor. Después por cada cuarto de circunferencia, para que salga más exacta, se divide en 3 o 4 partes. Con esos diámetros que hemos hecho, donde corta a las circunferencias, hacemos en la circunferencia del eje mayor, perpendicular al eje, y donde corta a la circunferencia del eje menor, también perpendicular al eje. Donde se cortan ambas perpendiculares, esos son puntos de la elipse, y tenemos que unirlos a mano alzada.

Conociendo el eje mayor

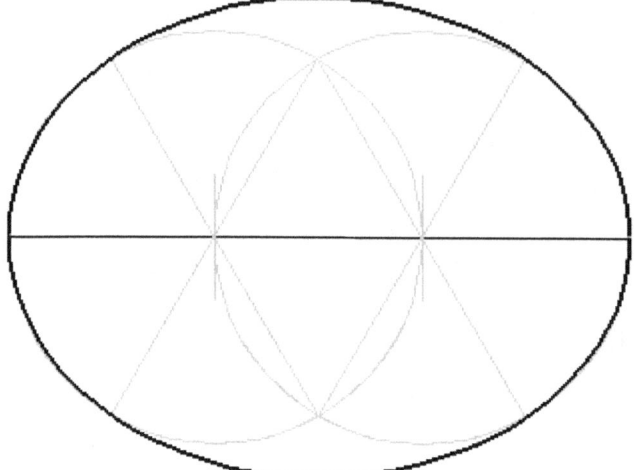

Cogemos el eje mayor y lo dividimos en tres partes, desde estas divisiones hacemos circunferencias, con radio un tercio del eje mayor. Desde los centros hacemos rectas que pasen por donde se cortan las circunferencias. Desde los cruces de circunferencias, se hacen los arcos opuestos a estos puntos, y la parte que falta es la curva de la circunferencia.

Sistema diédrico y acotado para aprobar

Conociendo el eje menor

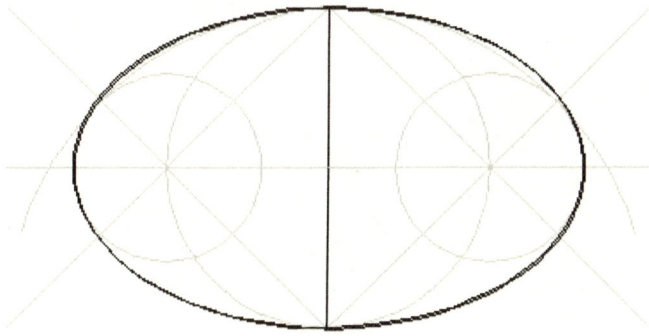

Hacemos una circunferencia con diámetro el eje que nos dan. Por el centro de la circunferencia, hacemos una perpendicular al eje. Donde corta la perpendicular a la circunferencia, obtenemos dos puntos, que los unimos con los extremos del eje, estas rectas que hemos hecho hay que prolongarlas lo suficiente. Estas líneas que prolongamos, nos van a dividir la elipse en 4 partes, las partes de arriba y de abajo, las haremos, con el compás pinchando en los extremos del eje que nos daban, y con radio el eje completo, hacemos arcos de circunferencia de en cada parte. Las otras dos partes que nos faltan, la de los lados, las haremos pinchando en los puntos que sacamos en la primera perpendicular que hicimos, y de radio utilizaremos, la distancia desde ese punto a donde nos hemos quedado con los otros arcos que hemos hecho.

Conociendo los ejes conjugados

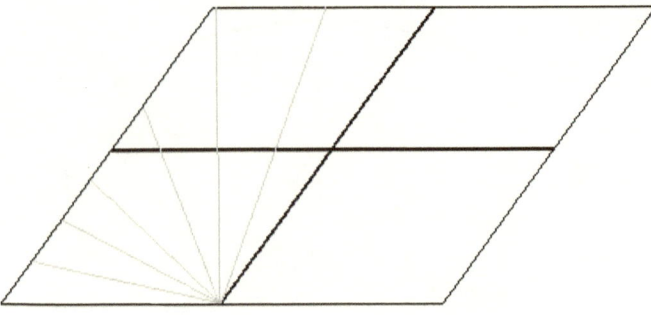

Se hace un paralepípedo de lado los ejes conjugados. Se divide el eje horizontal en partes iguales (4 cada semieje) y también los lados verticales del paralepípedo.

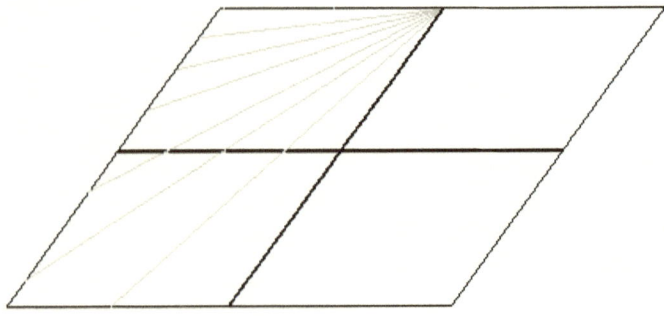

Unimos el extremo del eje pequeño con las divisiones del lado vertical del paralepípedo, y después con las del eje horizontal. Usamos solo extremo del eje vertical hacemos lo mismo

Sistema diédrico y acotado para aprobar

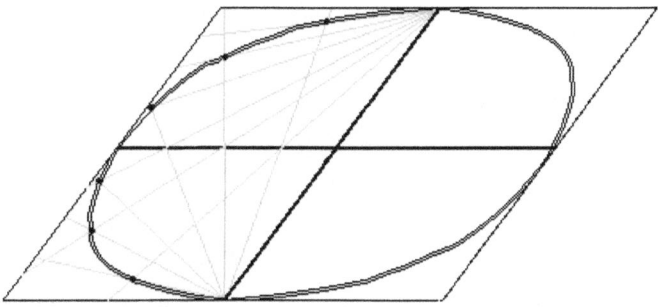

Donde se juntan las dos rayas tiradas desde la vertical (eje) son puntas de la elipse. Hay que unirlas según se hacen en abanico, los puntos están donde se corta primera con la última, y terminando en última con primera.
En el dibujo se lo ha hecho en la mitad para verlo mejor, pero se hacen las dos partes igual, y los puntos se unen a mano alzada

Sistema diédrico y acotado para aprobar

www.ingramcontent.com/pod-product-compliance
Lightning Source LLC
Chambersburg PA
CBHW020657220526

45464CB00001B/476